Photoshop CS5

中文版实例教程

于萍 编著

上海科学普及出版社

图书在版编目（CIP）数据

Photoshop CS5中文版实例教程／于萍编著.－上海：
上海科学普及出版社，2013.1
ISBN 978-7-5427-5099-0

I.① P... II.①于... III.①图像处理软件，
Photoshop CS5－教材 IV.① TP391.41

中国版本图书馆 CIP 数据核字（2011）第 214670 号

策　划　胡名正
责任编辑　徐丽萍

Photoshop CS5 中文版实例教程
于 萍 编著
上海科学普及出版社出版发行
（上海中山北路 832 号 邮政编码 200070）
http://www.pspsh.com

各地新华书店经销　三河市德利印刷有限公司印刷
开本 787 × 1092 1/16　印张 19　字数 342000
2013 年 1 月第 1 版　2013 年 1 月第 1 次印刷

ISBN 978-7-5427-5099-0　　定价：32.00 元

说　明

本书目的

快速掌握 Photoshop CS5 中文版，熟练使用该软件从事实际工作。

内容

本书对 Photoshop CS5 中文版的主要功能和用法作了详细的介绍。全书 13 章，包括了 Photoshop CS5 基础知识、基础操作、工具、选区、色彩、图层、路径、蒙版和通道、动作和 3D、滤镜、打印及综合实例等内容。

使用方法

读者在学习时，应当启动 Photoshop CS5 软件，并根据书中讲解按部就班地进行操作。有基础的读者，可以直接阅读本书的实例部分。

读者对象

学习 Photoshop CS5 的电脑爱好者；
电脑培训班学员；
美术院校的学生。

本书特点

基础知识与实例教学相结合，实现从入门到精通。
手把手教学，步骤完整清楚。
本书实例的操作步骤全部经过验证，正确无误，无遗漏。

著作者

本书由于萍编著，杨瀛审校。

封面设计

本书封面由乐章工作室金钊设计。

素材下载

本书所用素材读者可以登录 http://www.todayonline.cn 进行下载。

声明：本书经零起点的读者试读，已达到上述目的。

目　录

第 1 章　Photoshop CS5 简介

本章将介绍 Photoshop CS5 的应用领域、工作界面，以及图像的类型、分辨率等基本概念。

1.1　关于 Photoshop CS5

　　Photoshop 是 Adobe 公司旗下最为出名的图像处理软件之一，集图像扫描、编辑修改、图像制作、广告创意，图像输入与输出于一体，深受广大平面设计人员和电脑美术爱好者的喜爱。

　　最新版本是 Adobe Photoshop CS5。CS 是 Adobe Creative Suite 创意设计软件套装中后面 2 个单词的缩写，代表"创作集合"。Creative Suite 软件套装中各软件都有一个统一的设计环境，紧密集成的组件有助于软件间的交互使用，从而使印刷、输出屏幕或媒体设备达到最好的效果。

1.2　Photoshop CS5 的应用领域

　　Photoshop 的应用领域极为广泛，可以说只要是与图片有关的都会应用到 Photoshop。从功能上看，Photoshop 处理范围可分为图像编辑、图像合成、校色调色及特效制作；应用行业也很广，在图像、图形、文字、视频、出版各方面都有涉及。Photoshop 已经成为平面设计人员、摄影师、广告从业人员的必备工具，并被广大使用者所钟爱。下面对几个主要的应用领域进行介绍。

1.平面设计

平面设计是 Photoshop 应用得最为广泛的领域，无论是图书封面、杂志广告，还是招贴、海报，这些具有丰富的图像的平面印刷品，基本上都需要 Photoshop 软件对图像进行处理，如图 1-2-1 所示。

图 1-2-1

2.照片处理

利用Photoshop图像修饰功能，可以快速修复照片瑕疵和破损，修正颜色或构图等方面的缺陷，通过调整色彩，使照片更具艺术感，还可以进行图像合成，表现特殊效果。照片处理如图1-2-2所示。

图1-2-2

3.建筑效果图后期制作

在使用三维软件将模型渲染出室内设计效果图或室外建筑效果图后，通常需要使用Photoshop软件对效果图进行后期修饰，如增加人物与配景，调整场景的色彩、真实光效和材质纹理，让画面视觉效果更加完美逼真。可以说，一幅高质量的效果图离不开后期的加工与润色。室内外效果图如图1-2-3所示。

图1-2-3

4.绘画

许多插画设计师往往使用铅笔绘制草稿，然后使用Photoshop的绘画与调色工具创作插画，如图1-2-4所示。

5.界面设计

为了吸引客户，软件的操作界面设计、网页设计等越来越受重视，合理的布局、色彩的搭配、精美的图片、按钮、标识，都需要应用Photoshop来设计，如图1-2-5所示。

图1-2-4 图1-2-5

以上是对Photoshop的一些主要应用领域介绍，除此之外，还有很多其他行业的用途，如三维贴图、婚纱照、创意图像、艺术文字等，需借助Photoshop实现设计者期望的视觉效果，创建出具有视觉冲击力的图像。

1.3 Photoshop CS5 的工作界面

Photoshop CS5具有良好的用户界面，让非计算机专业人员也能很快地学会使用，命令按钮执行起来方便快捷，从而提高工作效率。

1.3.1 启动和退出 Photoshop CS5

（1）启动Photoshop CS5中文版软件的常用方法：

方法一：单击Windows左下角的"开始"按钮，在弹出的"开始"菜单中选择"所有程序／Adobe Photoshop CS4"命令，即可启动Photoshop CS4。

方法二：在桌面上建立了Photoshop CS5快捷方式图标，双击该图标亦可启动Photoshop CS5。

方法三：双击已保存的Photoshop文件（扩展名为psd的文件），即可启动Photoshop CS5中文版软件，并在绘图窗口中打开该图形文件。

启动 Photoshop CS5 中文版软件，并打开一个图像文件后的工作界面，如图 1-3-1 所示。

图 1-3-1

(2) 使用 Photoshop CS5 处理完图像后，应该退出程序。退出 Photoshop CS4 的方法是单击工作界面右上角的"关闭"按钮，或选择"文件／退出"命令。

1.3.2 标题栏

标题栏位于界面的顶端，该栏左侧显示了应用程序的图标 **Ps**；右侧显示了最小化、还原／最大化、关闭按钮 ；该栏中间位置还包含"启动 Bridge"按钮 **Br**、"启动 Mini Bridge"按钮 **Mb**、"查看额外内容"按钮 、"缩放级别"文本框 100% 、"排列文档"按钮 、"屏幕模式"按钮 、"工作区选择"按钮 基本功能 设计 绘画 摄影 等。

1.3.3 菜单栏

菜单栏包括 11 个命令菜单，它提供了编辑图像和控制工作界面的命令。单击任意一个菜单命令，都会弹出相应的下拉菜单列表，单击列表中的任意命令，即可执行该命令的操作。

在菜单栏中单击菜单命令，在弹出的命令列表中如果命令右侧有右向三角形 ▶，将鼠标指针放在该命令的位置时，命令的右侧将出现一个子命令列表。

如果命令有键盘快捷键，命令名称的右侧会显示快捷键提示。例如菜单命令"图像／调整／

色彩平衡"右侧的提示快捷键为"Ctrl+B",表示同时按住 Ctrl 键和 B 键,就可执行"色彩平衡"的命令。

1.3.4 工具选项栏

当用户选择某个工具时,在工具选项栏中会出现选择工具的属性选项,可以对选择的工具参数进行设置。

如果在选项栏中更改了参数或者其他设置,要想恢复到默认值,只需用鼠标右键单击选项栏最左侧的工具图标,在随即弹出的菜单中选择"复位工具"或"复位所有工具"即可。如果选择的是"复位工具"命令,将把当前工具选项栏上的参数恢复至默认值,如果选择的是"复位所有工具"命令,则会将所用工具的选项栏上的参数恢复到默认值,如图1-3-2所示。

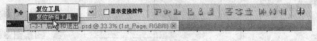

图1-3-2

1.3.5 工具箱

工具箱包含常用工具,单击某工具按钮,即可选择该工具。单击工具箱顶部的双箭头按钮,可以选择双排或单排工具箱排列方式,如图1-3-3所示。

工具图标右下角带有小三角形的,表示此为一个工具组,只要在此按钮上单击鼠标右键或按住鼠标左键不放,即会弹出所有的工具列表。所有隐藏工具列表如图1-3-4所示。

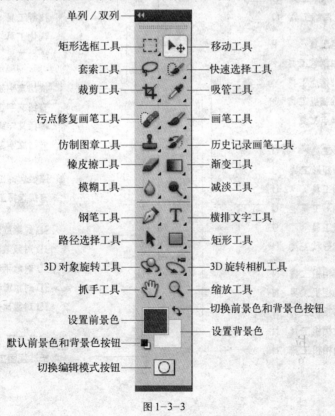

图1-3-3

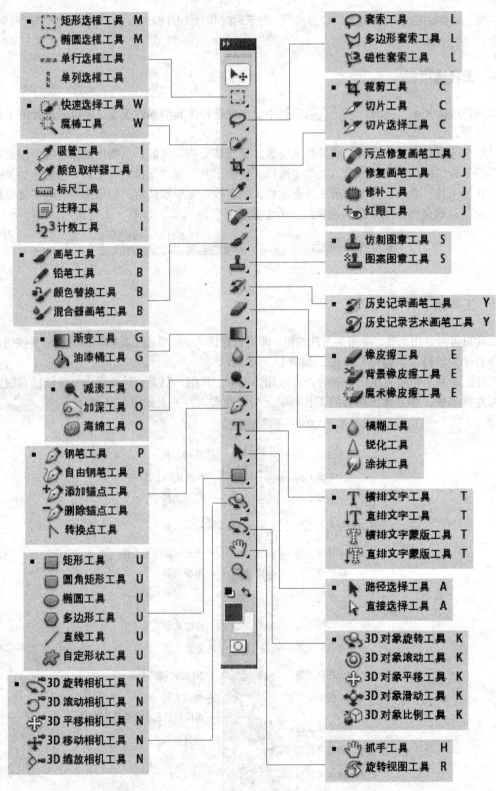

图 1-3-4

工具箱中按钮包括几大类：

（1）选择工具。（2）裁剪和切片工具。（3）测量工具。（4）修饰工具。（5）绘画工具。（6）绘图和文字工具。（7）导航和3D工具。

1.选择工具

选框工具：建立矩形、椭圆、单行和单列选区。

移动工具：对图像、选择区域、图层和参考线进行移动，并可以选择图层。

套索工具：建立曲线、多边形和不规则形状的选区。

快速选择工具：使用可调整的圆形画笔笔尖快速绘制选区。

魔棒工具：选择着色相似的区域。

2.裁剪和切片工具

裁剪工具：将图像裁切为需要的尺寸比例。

切片工具：在制作网页时切割图像。

切片选择工具：选择切片。

3.测量工具

吸管工具：可提取图像的色样。

颜色取样器：最多显示四个区域的颜色值。

标尺工具：可测量距离、位置和角度。

计数工具：可统计图像中对象的个数。

注释工具：可为图像添加注释。

4.修饰工具

污点修复画笔工具：可移除污点和对象。

修复画笔工具：可利用样本或图案修复图像中不理想的部分。

修补工具：可利用样本或图案修复所选图像区域中不理想的部分。

红眼工具：可移除闪光灯导致的红色反光。

仿制图章工具：可利用图像的样本来绘图。

图案图章工具：可利用图像的一部分作为图案来绘画。

橡皮擦工具：可抹除像素并将图像的局部恢复到以前存储的状态。

背景橡皮擦工具：可通过拖动将区域擦抹为透明区域。

魔术橡皮擦工具：只需单击一次即可将纯色区域擦抹为透明区域。

模糊工具：可对图像中的硬边缘进行模糊处理。

锐化工具：可锐化图像中的柔边缘。

涂抹工具：可涂抹图像中的数据。

减淡工具：可使图像中的区域变亮。

加深工具：可使图像中的区域变暗。

海绵工具：可更改区域的颜色饱和度。

5.绘画工具

画笔工具：可绘制画笔描边。

铅笔工具：可绘制硬边描边。

颜色替换工具：可将选定颜色替换为新颜色。

混合器画笔工具：可模拟真实的绘画技术，如混合画布颜色，使用不同的绘画湿度等。

历史记录画笔工具：可将选定状态或快照的副本绘制到当前图像窗口中。

历史记录艺术画笔工具：可使用选定状态或快照，采用模拟不同绘画风格的风格化描边进行绘画。

渐变工具：可创建直线形、放射形、斜角形、反射形和菱形的颜色混合效果。

油漆桶工具：在区域内填充前景色或图案。

6.绘图和文字工具

路径选择工具：可建立显示锚点、方向线和方向点的形状或线段选区。

文字工具：创建文字。

文字蒙版工具：创建文字形状的选区。

钢笔工具：绘制边缘平滑的路径。

形状工具和直线工具：在正常图层或形状图层中绘制形状和直线。

自定形状工具：从列表中选择已定义的形状创建图形。

7.导航和3D工具

抓手：可以在图像窗口内移动图像。

旋转视图：可在不破坏原图像的前提下旋转画布。

缩放：可放大和缩小图像的视图。

3D对象旋转工具：可以使对象围绕X轴旋转。

3D对象滚动工具：可以使对象围绕Z轴旋转。

3D对象平移工具：可以使对象沿X和Y轴方向平移。

3D对象滑动工具：可以在沿水平方向拖动对象时横向移动对象，或在沿垂直方向拖动时前进或后退对象。

3D对象比例工具：可以增大或缩小对象。

3D旋转相机工具：可将相机沿X和Y轴方向环绕移动。

3D滚动相机工具：可将相机围绕Z轴旋转。

3D平移相机工具：可将相机沿X和Y轴方向平移。

3D移动相机工具：可在沿水平方向拖动相机时横向移动相机，或在沿垂直方向拖动时前进或后退。

3D缩放相机工具：可拉近或拉远视角。

1.3.6 控制面板

操作界面右侧是控制面板，主要用于配合图像的编辑，对操作进行控制和参数设置。默认情况下，控制面板以2个、3个或4个选项卡组成堆叠在一起显示，例如颜色、色板和样式三个选项卡为一组面板，单击面板组中"色板"选项卡名称，即可显示色板控制面板。将鼠标指针停在一个选项卡上后，按住鼠标并拖动可将其拖拽出来成为一个单独的面板，用此法也可对面板进行重组，将某个选项卡从一组面板中拖至另一组面板中。

单击菜单命令"窗口"，在弹出的列表中显示所有的面板名称，其中面板名称左侧有对号√的，表示该面板展开显示，如图1-3-5所示。

单击面板右上角的箭头，可以将展开面板折叠为图标，再次单击箭头，可以展开面板，如图1-3-6、1-3-7所示。

图1-3-5

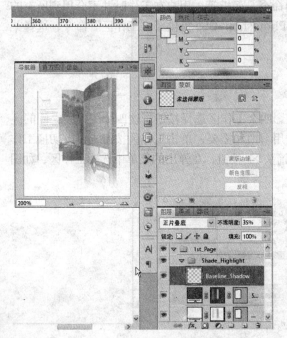

图1-3-6　展开面板

图1-3-7　折叠为图标按钮

1.3.7　文档窗口

文档窗口在界面中间区域，是对图像进行操作的区域。在图像窗口的标题栏中显示了文件名称、格式、缩放比例、当前图层和颜色模式等相关信息。

1.3.8 状态栏

状态栏在图像窗口的底部。

状态栏左边的文本框显示了当前图像的显示比例，在此处输入数值并按 Enter 键后，可按指定的比例显示图像。

紧靠文本框显示的是文档信息，默认显示的是文档的大小，单击信息内容，还会显示文档的宽度、高度、通道、分辨率信息。单击状态栏中的三角形箭头，会弹出菜单列表，可以选择其他的信息显示类别，如图 1-3-8 所示。

图 1-3-8

1.4 工 作 区

Photoshop CS5 提供了许多工具按钮、菜单命令、面板等，用户在工作时并不会用到所有的功能。不同的工作，用到的工具也不同。因此，Photoshop CS5 提供了"工作区"命令，选择某一个工作区后，只会显示与任务相关的工具。

1.4.1 快捷选择工作区

标题栏中显示有基本功能、设计、绘画、摄影四个工作区选择按钮，这四个工作区之间的区别主要体现在控制面板。用户可以根据个人的使用习惯和需要，单击工作区按钮，可以切换工作区。也可以执行"窗口／工作区"命令，或单击箭头>>按钮，在弹出的菜单中选择工作区，如图 1-4-1 所示。

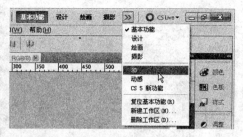

图 1-4-1

1.4.2 存储和删除工作区

(1) 选择菜单命令"窗口"，根据自身的工作需要，在弹出的菜单列表中选择界面显示的内容。

(2) 选择菜单命令"窗口／工作区／新建工作区"，弹出对话框，输入工作区名称，单击"存储"按钮，新建工作区按钮即显示在标题栏上，如图 1-4-2 所示。

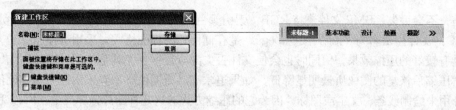

图 1-4-2

（3）单击"基本功能"工作区按钮，切换工作区之后，选择菜单命令"窗口／工作区／删除工作区"，弹出对话框，选择工作区名称（当前使用的工作区不能删除），如图1-4-3所示，单击"删除"按钮，即可删除选择的工作区。

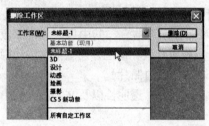

图 1-4-3

1.5　位图图像与矢量图形

1.5.1　位图图像的概念、位图文件格式

位图，也叫做点阵图、栅格图像、像素图，简单地说，就是最小单位由像素构成的图，每个像素就是一个小方点，每个小方点（即像素）都分配有特定的位置和颜色值。位图被放大到一定程度时，将呈现为像素色块（一个个小方块），会有明显的锯齿，图像变得很粗糙。如图1-5-1所示，一张100%显示的位图被放大800%之后，出现马赛克效果。

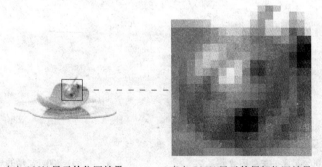

(a) 100% 显示的位图效果　　　　(b) 800% 显示的局部位图效果

图 1-5-1

Photoshop 支持的最大像素大小为每个图像 300000 像素 × 300000 像素，像素越多，图像文件越大。

位图文件格式：

BMP：该格式不会将文件压缩，所以BMP文件所占用的空间很大，但图像中的资料会保存得很完整，不会丢失。BMP 文件支持 RGB、索引颜色、灰度和位图模式，但不支持 Alpha 通道。

JPEG：文件后辍名为"jpg"或"jpeg"，是存储照片的标准格式，采用有损压缩的方式存储文件，具有较好的压缩效果，但同时也会使文件丢失部分数据。尤其是使用过高的压缩比例，将使最终解压缩后恢复的图像质量明显降低，如果追求高品质图像，不宜采用过高压缩比例。此格式不适合用来绘制线条、文字或图标，因为它的压缩方式对这几种图片损坏严重。PNG 和 GIF 文件更适合以上几种图片。不过 GIF 格式每像素只支持 8bits 色深，不适合色彩丰富的照片，但 PNG 格式就能提供 JPEG 同等甚至更多的图像细节。

PSD：是 Photoshop 软件的专用格式，保存了 Photoshop 软件中图像处理的层、通道、路径等信息，因此占用的存储空间较大。在印刷和输出时，根据应用对象，要另存为其他存储格式。

TIFF：大量用于传统的图像印刷，可以进行有损或无损压缩。

PDF：便携式文件格式，可保存多页信息，其中可以包含图像和文本。

GIF：GIF 文件比较小，支持透明背景和动画，网上很多小动画都是 GIF 格式，普遍适用于图表、按钮等只需少量颜色的图像（如黑白照片）。

PNG：PNG 格式图片因其高保真性、透明性以及文件体积较小等特性，被广泛应用于网页设计、平面设计中。

1.5.2 矢量图形的概念、矢量文件格式

矢量图，使用直线和曲线来描述图形，是通过数学公式计算获得的，不仅有缩放不失真的优点，而且占用空间较小，适用于图形设计、文字设计和一些标志设计、版式设计等。不论这些标志是用于商业信笺，还是用于户外广告，只需一个电子文件就可传递，省时省力，且图形显示清晰。缺点是不易制作出色调丰富或色彩变化大的图形。

矢量图放大后，图形不会失真，边缘线条清晰，如图 1-5-2 所示，没有出现像位图一样的马赛克效果。

(a) 100% 显示的矢量图效果　　　　　　(b) 800% 显示的局部矢量图效果

图 1-5-2

矢量文件格式：

AI：AI 文件是 Illustrator 中的一种图形文件格式。它是 Illustrator 软件生成的矢量文件格式。用 Illustrator，CorelDraw，Photoshop 软件均能打开、编辑、修改。但用 Photoshop 打开时，会先进行栅格化处理，打开后相当于一个位图文件。

SWF：SWF 文件是二维动画软件 Flash 中的矢量动画格式，主要用于 Web 页面上的动画发

布。这种格式的动画图形能够用比较小的文件来表现丰富的多媒体形式。

　　EPS：是用 PostScript 语言描述的一种 ASCII 码文件格式，既可以存储矢量图，也可以存储位图，最高能表示 32 位颜色深度，特别适合 PostScript 图形打印机。

　　WMF：WMF 文件是常见的一种图元文件格式，具有文件短小、图案造型化的特点，整个图形常由各个独立的组成部分拼接而成，但其图形往往较粗糙。

　　DXF：DXF 文件是 AutoCAD 软件中的矢量文件格式，它以 ASCII 码方式存储文件，在表现图形的大小方面十分精确。DXF 文件可以被许多软件调用或输出。

1.6　像素和分辨率

1.6.1　像素

　　像素是位图图像最基本的单位，在 Photoshop 中，位图图像是由无数个带有颜色的小方点组成的，这些点即被称作像素。

1.6.2　分辨率

　　图像分辨率就是图像上单位面积里的像素数量。分辨率 300 像素／英寸，表示每英寸包含 300 个像素单位。分辨率决定了位图图像中的细节精细度。在尺寸相同的情况下，高分辨率的图像比低分辨率图像包含的像素更多，因而显得更细腻、清晰。尺寸相同、不同分辨率的图像对比效果，如图 1-6-1 所示。

分辨率为 300 像素／英寸　　　　　　　　　　　　分辨率为 5 像素／英寸

图 1-6-1

1.6.3　确定合适的分辨率

　　分辨率的设置是影响输出品质的重要因素，分辨率越高，图像越清晰，图像文件也就越大，同时，图像的处理时间也就越长，对设备的要求也就越高。但并不是所有图像分辨率都越高越好，图像要使用多大的分辨率，应视图像的用途而定，不同用途的图像需要设置不同的分辨率。

　　1.只需要在屏幕上观看的图像，分辨率应设置数值为 72 像素／英寸。

　　2.图像需要进行彩色印刷，那么彩色印刷中常用的分辨率是 300 像素／英寸，如果图像的分辨率低于 300 像素／英寸，那么图像在印刷后会非常粗糙、模糊。如果分辨率设置得过高，需要的磁盘存储空间也会增多，而且编辑和打印的速度可能会更慢。

3. 用于大幅喷绘的图像，分辨率应介于 100~150 像素／英寸，如果幅面超大可以设置为 36~72 像素／英寸。

1.7 小 结

通过对本章的学习，读者应了解 Photoshop CS5 的应用领域，掌握 Photoshop CS5 的启动和退出操作，并了解 Photoshop CS5 界面功能。

1.8 练 习

一、填空题

(1) 分辨率的最小单位是＿＿＿＿＿＿。

(2) Photoshop 是＿＿＿＿＿＿公司旗下最为出名的图像处理软件之一。

二、选择题

(1) ＿＿＿＿＿＿不是位图文件格式。

　　A.BMP　　B.PSD　　C.AI　　D.JPEG

(2) 默认情况下，Photoshop 界面左侧是＿＿＿＿＿＿。

　　A.菜单栏　B.工具选项栏　C.工具箱　D.工具箱控制面板

三、问答题

(1) 位图和矢量图有什么区别?

(2) 工具箱中的按钮包括几大类?

第2章 基础操作

    Photoshop CS5 基础操作包括文件的基础操作、图像查看方法、修改图像的尺寸等。这些操作最常用、最简单，也最重要，是使用 Photoshop 工作时经常用到的基础操作。

2.1 图像文件的基本操作

    处理图像的方式有很多，无论是新建一个空白图像文件进行绘制，还是打开一个半成品图像文件进行编辑，都免不了使用图像的创建、关闭、打开、保存和浏览操作。

2.1.1 新建文件

    （1）选择菜单栏中"文件／新建"命令，打开"新建"对话框。

    （2）首先在"预设"中选择创建的图像类型为网络图像"web"，此时下面的参数会自动切换为常用的网络参数值，如"分辨率"为网络标准 72，"颜色模式"为 RGB 等，如图 2-1-1 所示。

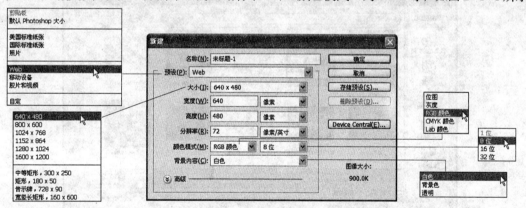

图 2-1-1

    （3）设置参数后，单击"确定"按钮，完成文件建立。

"新建"对话框中各项的含义如下：

名称：在此文本框中可以输入新建文件的名称。

预设：单击右侧的下拉按钮，从弹出的列表中可选择预先设置的文件类型。

宽度：用于自定义宽度。单击右侧的下拉按钮，可以选择不同的度量单位。

高度：用于自定义高度。单击右侧的下拉按钮，可以选择不同的度量单位。

分辨率：用于设置分辨率。默认分辨率为96像素／英寸，单击右侧的下拉按钮，可以选择不同的分辨率单位。

颜色模式：单击右侧的下拉按钮，可以选择文件的色彩模式和色彩深度。

背景内容：用于设置新建文件的背景图层颜色。选择"白色"选项，新建的文件将以白色填充背景；选择"背景色"选项，新建的文件将以工具箱上的背景色作为新建文件的背景色；选择

"透明"选项，新建文件的背景将以透明状态显示。

高级：单击"高级"按钮展开图2-1-2所示的高级设置选项。

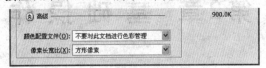

图2-1-2

通过高级选项可以设置新建文件采用的色彩配置文件和像素排列方式。

2.1.2 关闭文件

关闭当前文件通常有以下两种方法：

（1）选择菜单栏中的"文件／关闭"命令。

（2）单击图像窗口的标题栏中的"关闭"按钮⊠。

2.1.3 打开图像文件和图像序列动画文件

（1）选择菜单命令"文件／打开"，打开"打开"对话框，如图2-1-3所示，在对话框中选择目标文件，单击"打开"按钮，即可打开目标文件。

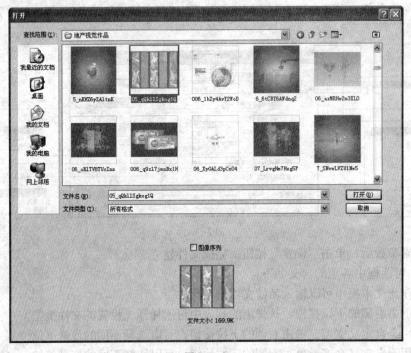

图2-1-3

"打开"对话框中各项的含义如下：

查找范围：单击右侧的下拉按钮，从中选择目标图形文件的路径。

文件名：显示所选目标文件的名称，并且在对话框下方空白处显示选中图形文件的缩览图和大小。

文件类型：可以设定当前路径中所需显示的文件类型，默认为"所有格式"，即显示所有图形文件。

（2）当文件夹中有连续性的图像时，并且图像名称按着动画的顺序编号，此时选择其中任一一张图后，勾选"图像序列"复选框，单击"打开"按钮，打开"帧速率"对话框，选择或自定义动画帧速率，如图 2-1-4 所示，单击"确定"按钮，即可在一个新建的图像文件中打开这个序列动画。

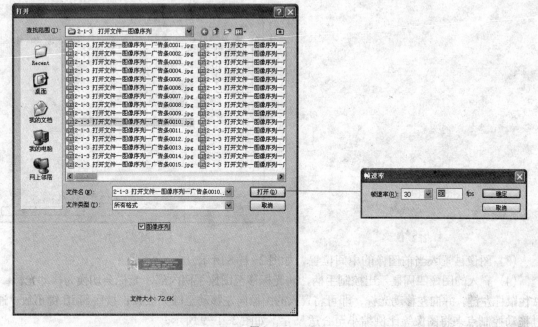

图 2-1-4

（3）打开动画序列图像后，选择菜单命令"窗口／动画"，在图像的下面显示动画面板，单击"播放"按钮 ▶，可以观看动画效果，如图 2-1-5 所示。

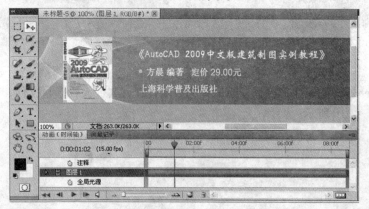

图 2-1-5

（4）选择菜单命令"文件／打开最近使用的文件"，在其子菜单列表中会显示最近打开的 10 个文件，单击任一文件，即可将其打开。

2.1.4 置入文件

选择菜单命令"文件／置入"，可以将照片、图片或任何 Photoshop 支持的文件作为智能对象添加到您的文档中，主要是为了达到简单的图像合成效果。对置入的智能对象进行缩放、定位、斜切、旋转或变形操作，不会降低图像的质量。智能对象的操作请参见图层一章。

（1）选择菜单命令"文件／打开"，打开"2-1-4置入文件.psd"文件，如图2-1-6所示。

（2）选择菜单命令"文件／置入"，打开置入对话框，选择矢量文件"人物1.ai"，单击"置入"按钮，打开对话框，选择缩略图，单击"确定"按钮，如图2-1-7所示。

图2-1-6 图2-1-7

（3）图像被置入当前图像的中间位置，如图2-1-8所示。

（4）置入的图像四周显示出控制手柄，将光标移至图像手柄内部，光标会切换为移动光标，按住鼠标左键，并向左移动光标，即可将置入的图像向左移动至圆桌位置；按住Shift键不放，通过拖动控制点来将图像等比例缩小至合适尺寸，如图2-1-9所示。

图2-1-8 图2-1-9

（5）按Enter键，结束变形操作。用同样的方法，置入其他人物素材文件，移动位置，并缩放比例，如图2-1-10所示。

图2-1-10

2.1.5　保存文件

当一个作品创作完成后，应当及时对创作的成果进行保存，以免造成不必要的损失。保存文件的方法有好几种，下面介绍两种常用的保存文件方法。

1. 使用"存储"命令存储

"存储"命令可以将当前打开的文件保存在其原存储位置上。使用"新建"命令建立的新文件，第一次使用存储命令时会打开"存储为"对话框，当再次使用存储命令时，会以第一次的存储设置保存该文件，不会再弹出"存储为"对话框。

对新建文件第一次选择"存储"命令的操作如下：

(1) 选择"文件／存储"命令，打开图2-1-11所示的"存储为"对话框。

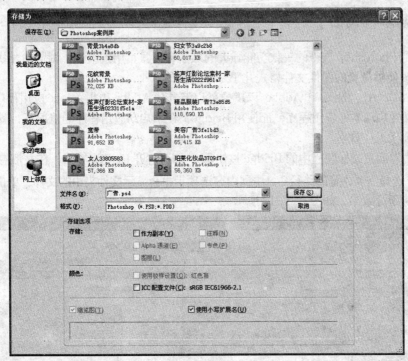

图2-1-11

(2) 在"存储为"对话框中将各个选项设置好，单击"保存"按钮，即可保存该文件。

"存储为"对话框中各项的含义如下：

"保存在"：单击该项右侧的下拉按钮，在弹出的下拉列表中设置保存图形文件的位置。

"文件名"：设置文件的名称。

"格式"：设置文件的格式。

"作为副本"：将文件保存为文件副本，即在原文件名称基础上加"副本"两字保存。

"注释"：用于决定文件中含有注释时，是否将注释也一起保存。

"Alpha通道"：用于决定文件中含有Alpha通道时，是否将Alpha通道一起保存。

"专色"：用于决定文件中含有专色通道时，是否将专色通道一起保存。

"图层"：用于决定文件中含有多个图层时，是否合并图层后再保存。

"颜色"：为保存的文件配置颜色信息。

"缩览图"：为保存的文件创建缩览图，默认情况下Photoshop自动为其创建。

"使用小写扩展名"：用小写字母创建文件的扩展名。

2. 使用"存储为"命令存储

需要使用新的文件名或存储位置保存当前已经保存过的文件时，可以使用"存储为"命令。选择"文件／存储为"命令会同样打开"存储为"对话框，其操作与使用"存储"命令的操作一样，这里就不再赘述。

Photoshop中提供了多种文件存储格式。其中PSD格式是Photoshop软件的专用格式，它支持网络、通道、图层等所有Photoshop的功能，可以保存图像数据的每一个细节。PSD格式虽然可以保存图像中的所有信息，但用该格式存储的图像文件较大。因此可以根据图片最终用途选择保存格式，图像常用文件格式的特性请参见1.5节"位图图像与矢量图形"内容。

2.1.6 在Bridge中浏览

Bridge是Photoshop自带的一款功能强大的媒体管理器，用来组织、浏览和寻找所有的创作资源。Bridge能够浏览的图像文件格式几乎是最齐全的，

在浏览PSD、AI、INDD和Adobe PDF文件以及其他Adobe和非Adobe应用程序文件时，通常要为每个文件启动本地应用程序，而使用Bridge，在不启动应用程序的情况下，就可以浏览图片效果，提高了工作效率。

（1）单击界面顶端标题栏中的Bridge按钮 Br ，即可打开Bridge界面，在左侧有收藏夹和文件夹选项卡，选择需要浏览的路径后，中间内容选项卡中会显示文件夹中的文件，单击某图片，右侧就显示出其预览效果，如图2−1−12所示。

图2−1−12

（2）选择菜单命令"文件／打开"，即可在Photoshop界面中打开该文件。也可以选择"文件／打开方式"，选择使用其他软件打开所选的文件。

2.1.7 在Mini Bridge中浏览

Mini Bridge面板用于快捷查找图片，但Mini Bridge以面板的形式在Photoshop中就可以查看图片，因此比Bridge浏览更加方便快捷，其用法和Bridge的基本相同。

（1）单击界面顶端标题栏中的Mini Bridge按钮 Mb 或控制面板中的Mini Bridge选项卡 Mb，即可打开Mini Bridge面板。

（2）选择需要打开的图像，右击鼠标，在弹出的列表中选择"打开图像"，文件在Photoshop中打开，如图2-1-13所示；将图像拖至正在编辑的图像文档中，图像将置入当前编辑的图像。

图2-1-13

2.2 查 看 图 像

为了更好地观察和处理图像，需要经常放大和缩小窗口显示比例，或者移动画面在屏幕上的显示区域，还要掌握用于切换屏幕模式和窗口排列方式的功能。

2.2.1 选择屏幕模式

Photoshop屏幕模式的类型主要有3种，分别是标准屏幕模式、带有菜单栏的全屏模式和全屏模式。默认情况下是标准屏幕模式。

（1）在标题栏单击"屏幕模式"按钮 回▼，弹出3个类型名称列表，如图2-2-1所示，当前使用的类型名称左侧显示有√号。

图2-2-1

（2）选择列表中的类型名称，即可切换到另一个屏幕模式。

标准屏幕模式会显示所有的对象，包括标题栏、面板、工具箱、属性栏和图像窗口等；

带有菜单栏的全屏模式，只显示菜单栏和基本的工具对象，图像以全屏方式显示；

全屏模式，只显示出全屏效果的图像，其他对象均不显示，有利于不受干扰地观察图像。

三种模式分别如图 2-2-2、2-2-3、2-2-4 所示。

图 2-2-2

图 2-2-3

（3）按 F 键，可以在屏幕模式之间进行切换。

（4）按 Tab 键，可隐藏或显示工具箱、面板和工具选项栏。

（5）按快捷键"Shift+Tab"，可隐藏或显示面板。按 Esc 键，可以恢复标准屏幕模式。

（6）也可以选择菜单命令"视图／屏幕模式"，在子命令列表中选择屏幕模式名称，如图 2-2-5 所示。

图 2-2-4

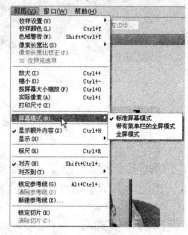

图 2-2-5

2.2.2 多个窗口查看图像（排列文档）

Photoshop 可以打开多个图像，可同时查看多个图像，并按要求以不同的方式排列，从而减少操作时查找图像文件的时间，便于实际工作时进行多种设计方案对比、原图和副本修改前后的对比操作。

（1）选择菜单命令"文件／打开"，打开四个素材文件，当打开多个图像时，默认情况下是"全部合并"排列方式，会在窗口标签栏处显示这些图像的名称和格式，亮白显示的图像名称是当前显示的操作图像，如图 2-2-6 所示。

图 2-2-6

当绘图窗口中的选项卡无法显示全部图像名称时，会显示符号"＞＞"，单击符号会显示全部打开的图像文件名称，左侧显示√的是当前操作的图像，选择其他图像名称可切换操作其他图像。

（2）单击标题栏中的"排列文档"按钮  ，或者选择菜单命令"窗口／排列"，如图 2-2-7 所示，在下拉列表中选择需要的排列模式，即可使用不同的排列方法查看图像。也可以在菜单命令"窗口／排列"的子命令列表中选择任意排列模式，如图 2-2-8 所示。

图 2-2-7

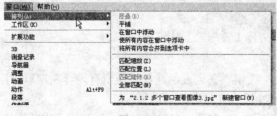

图 2-2-8

"全部按网格拼贴"、"全部垂直拼贴"、"全部水平拼贴"排列多个文件效果如图 2-2-9 所示。

图 2-2-9

（3）单击标题栏中的"排列文档"按钮▦▾，在列表中单击"双联"按钮▥，图像会按双联形式排列，如图 2-2-10 所示。

（4）当前处于操作状态的图像显示缩放比例是 66.67%，在标题栏中单击"排列文档"按钮，在列表中选择"匹配缩放"选项，此时所有的图像都以当前图像为标准进行匹配缩放显示为 66.67%，如图 2-2-11 所示。

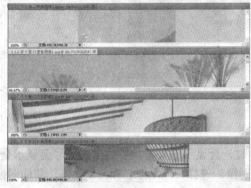

图 2-2-10

图 2-2-11

（5）单击"排列文档"按钮，在列表中选择"使所有内容在窗口中浮动"选项，图像将以浮动窗口形式进行排列，如图 2-2-12 所示。

（6）在绘图窗口选项卡中，单击另一个图像名称，使其成为当前操作图像，单击"排列文档"按钮，在列表中选择"实际像素"选项，使图像以实际像素显示，以便观察图像。

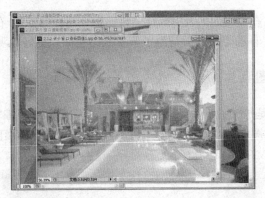

图 2-2-12

2.2.3　导航器面板查看图像

"导航器"面板用以对图像进行选择性区域预览，精确放大或缩小图像显示。

(1) 打开图像文件，单击右侧的"导航器"按钮，或选择菜单命令"窗口／导航器"，即可打开"导航器"面板，如图 2-2-13 所示，在缩览图显示框中显示出当前图像。

(2) 在"导航器"面板缩放文本框中，输入缩放值"15"，按 Enter 键，确定缩放比例，此时图像调整到 15% 比例显示。

(3) 在"导航器"面板中，向左或向右移动缩放滑块，可以缩小或放大图像。

(4) 单击缩小或放大按钮，可以快速缩、放显示比例。

(5) 导航器预览图片中矩形框是预览区域，将光标移至矩形框中间，当显示为小手图标时，按住鼠标左键并移动，当移至需要观察的位置释放鼠标，即可在绘图窗口中显示该区域内的图像，如图 2-2-14 所示。

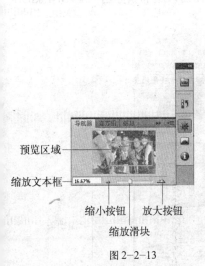

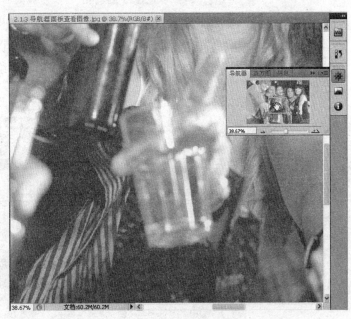

图 2-2-13　　　　　　　　　　　　　图 2-2-14

(6) 若要将展开的面板隐藏，请单击"导航器"按钮，或单击选项卡名称"导航器"，或单击面板标题栏中的双箭头。

（7）右击面板图标，在弹出的列表中选择"自动折叠图标面板"，在远离面板的位置单击时，展开的面板将自动隐藏。自动隐藏面板是为了节省视图空间，更好地观察和编辑图像。

2.2.4　缩放工具查看图像

"缩放工具"的作用是放大或缩小画面，以便对图像的局部进行编辑。

（1）打开素材文件，图形最大化显示在绘图窗口中，左下角显示当前的显示比例值，如图2-2-15所示。

图 2-2-15

（2）在工具箱中单击"缩放工具" ，在工具选项栏中显示缩放工具选项，如图2-2-16所示。默认情况下"放大"按钮 为亮显状态，移动指针到绘图窗口中，此时指针显示为带加号的放大镜 。

图 2-2-16

（3）移动鼠标指针到图像的中心，并单击一次，图像将以单击处为中心放大至下一个预设百分比，连续单击，可以连续放大图像，如图2-2-17所示。绘图窗口底部和标题栏显示图像的缩放比例。

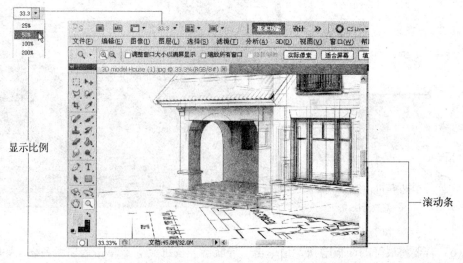

图 2-2-17

当放大至3200%时，或最小尺寸1像素时，指针放大镜会显示中空的状态 🔍，此时放大操作无效。

（4）按住 Alt 键，此时"缩放工具"将变成缩小 🔍 状态，或者在工具选项栏中，单击"缩小"按钮 🔍，移动鼠标指针到图像上单击，将会以单击点为中心缩小图像。

（5）在工具选项栏单击"放大"按钮 ⊕，按住鼠标左键单击，移动鼠标，拖出一个矩形框；松开鼠标后，矩形框内的图像会放大到整个画面，如图2-2-18所示。

图 2-2-18

（6）在放大图像之后，移动绘图窗口右侧和下端的滚动条，也可以查看图像的其他区域。

（7）在缩放工具选项栏中，有四个快速缩放按钮。

实际像素：单击该按钮，按100%的比例显示图像。

适合屏幕：单击该按钮，使图像最大化地完整显示在绘图窗口中。

填充屏幕：单击该按钮，使图像的宽度最大化显示在绘图窗口中。

打印尺寸：单击该按钮，会按实际的打印尺寸显示图像。

（8）勾选"调整窗口大小以满屏显示"选项，在缩放图像时，窗口的大小也会随之改变，并且图像始终以满屏显示在绘图窗口中。

（9）当打开多个图像文件时，勾选"缩放所有窗口"选项，可以同时缩放所有图像文件。

提示：

勾选"细微缩放"选项后，在图像中向左拖动可以缩小图像，向右拖动可以放大图像。该功能必须启用OpenGL功能后才能使用。选择菜单命令"编辑／首选项／性能"，在性能界面里勾选"启用OpenGL"。

2.2.5 抓手查看图像

当画面中没有完整显示图像时，除了使用导航器面板中的预览框选择观察位置外，还可以使用"抓手"工具在画面中拖动，移动图像的观察区域，以便快速观看图像窗口中显示不下的内容。除此之外，抓手工具也兼有一定的缩放图像的功能。

（1）打开素材文件，在左侧工具箱中单击"抓手工具" 🖐，移动鼠标指针到图像上，按住 Alt 键，等鼠标指针变为缩小标识 🔍 后，单击鼠标可缩小图像；按住 Ctrl 键，等鼠标指针变放大标识 ⊕ 后，单击鼠标可放大图像。

（2）释放 Ctrl 键后，鼠标指针显示为抓手 🖐，按住鼠标左键并拖动，即可移动窗口内的图像，如图 2-2-19 所示。

（3）双击"抓手工具" 🖐 ，图像会呈满画布显示，如图 2-2-20 所示。

图 2-2-19   图 2-2-20

（4）单击"抓手工具" 🖐 ，在工具选项栏中勾选"滚动所有窗口"选项。通常，在打开多个图像文件，同时观察两个以上的图像时，使用这个选项。使用抓手工具移动图像后，其他的图像也会被移动至观察区域。一般是在修改图像副本时，观察修改后的效果与原图的差异。

提示：

在使用其他工具时，按住空格键可临时切换为抓手工具，此时移动观察区域后，松开空格键，恢复先前命令操作。这个技巧的好处是，在不取消当前工具操作的情况下，可以移动图像。

在抓手工具选项栏中，有实际像素、适合屏幕、填充屏幕、打印尺寸四个按钮，功能和缩放工具中的功能相同。

2.2.6　旋转视图工具旋转查看图像

使用"旋转视图工具"可以在不破坏图像的情况下旋转画布，并且不会使图像变形。需要注意的是，使用旋转视图功需要显卡支持 OpenGL。

（1）选择菜单命令"编辑／首选项／性能"，打开对话框，勾选"启用 OpenGL 绘图"，单击"确定"。然后打开素材文件，如图 2-2-21 所示。

（2）在工具箱中，单击抓手工具，在列表中选择"旋转视图工具"，如图 2-2-22 所示。

图 2-2-21   图 2-2-22

（3）移动鼠标指针到图像中单击并拖动即可对视图进行旋转，如图 2-2-23 所示。此时无论当前画布是什么角度，图像中的罗盘都将指向北方。

（4）选择工具箱中的"横排文字工具"，在图像中单击并输入文字，可发现文字的角度和视图的角度是保持一致的，如图 2-2-24 所示。

红色的指向是北

图 2-2-23　　　　　　　　　　　　　　　　图 2-2-24

（5）若要将画布恢复到原始角度，单击"旋转视图工具"选项栏中的"复位视图"按钮即可恢复，如图 2-2-25 所示。

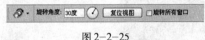

图 2-2-25

2.3　改变图像大小

2.3.1　"裁剪工具"裁剪照片

当只需要素材图像中的部分内容，可以使用"裁剪工具"来裁切图像，将裁剪框外的图像去除，从而突出照片的主体对象。

（1）按"Ctrl+O"组合键打开素材文件，如图 2-3-1 所示。

图 2-3-1

（2）在工具箱中单击"裁剪工具"，工具选项栏裁剪工具选项如图 2-3-2 所示。

图 2-3-2

"宽度"和"高度"：用于设置裁切区域的宽度和高度，主要是为了控制裁切区域的宽度和高度比例。例如编辑的图像需要冲洗为5寸照片，可在宽度输入框中输入"5英寸"，在高度输入框中输入"3.5英寸"（如果以厘米为单位的话，是12.7厘米×8.9厘米），分辨率输入300像素／英寸。

"分辨率"：设置要保留图像的分辨率，在其右侧的下拉列表中可以设置单位。

"前面的图像"：单击此按钮，会在"宽度"、"高度"和"分辨率"文本框中显示当前文件的相应参数。

"清除"：用于清除选项栏上的各项参数设置。

（3）在图像上单击并拉出矩形裁剪框，松开鼠标，如图2-3-3所示。这块区域的周围会被变暗，以显示出裁来的区域。裁剪框的周围有8个控制点，单击并移动控制点，可以修改裁剪框宽度、高度，缩小或放大裁剪框。

（4）按Enter键，或者单击选项栏上的"提交"按钮☑️，所需的图像被裁剪出来了，如图2-3-4所示。

图2-3-3

图2-3-4

2.3.2 "裁剪工具"修正歪斜的照片

利用旋转裁剪框的方法，我们可以直接在裁剪的同时，将倾斜的图片纠正过来。

（1）按"Ctrl+O"组合键打开素材文件，如图2-3-5所示。

图2-3-5

（2）在工具箱中单击"裁剪工具"，在图像单击并拉出矩形裁剪框，松开鼠标，创建裁剪区域，将指针靠近裁剪框的角点外部，指针会变成带有拐角的双向箭头，旋转的中心点在标记位置，此时点击鼠标左键并移动鼠标，可以旋转裁剪框，使裁剪框的底部线框与正确的地平线对齐，移动控制点修改裁剪框的大小，效果如图 2-3-6 所示。

（3）按 Enter 键，歪斜照片校正后的效果如图 2-3-7 所示。

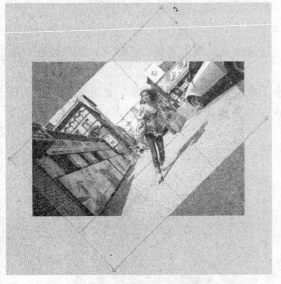

图 2-3-6   图 2-3-7

2.3.3 "裁剪工具"修正照片透视效果

由于建筑体积较大，拍摄的建筑产生透视变形，造成的歪斜现象会比较严重，这时就可以利用裁剪工具进行纠正。

游戏场景制作者，经常将透视的建筑图片修改为正视图后，制作成贴图指定给三维建筑模型，以减少建筑细节的制作时间，达到快速创建场景的目的，如图 2-3-8 所示。

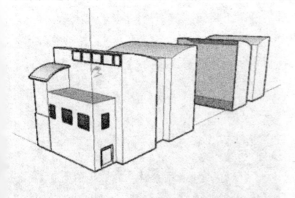
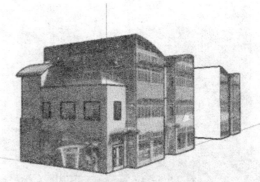

图 2-3-8

另外，室内设计也可以使用这种方法，将家具图片贴在模型上，如图 2-3-9 所示。

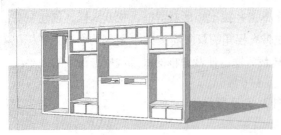

图 2-3-9

（1）打开素材文件，如图 2-3-10 所示，由于建筑较高，顶部离拍摄者较远，底部较近，近大远小，所以建筑在图片上是有透视变形。

（2）在工具箱中单击"裁剪工具"，在图像上单击并拉出矩形裁剪框，松开鼠标，在工具选项栏中勾选"透视"，向内移动顶部两个控制点，使两侧裁剪边线与建筑平行，如图 2-3-11 所示。

图 2-3-10　　　　　　　　　　　　　　　　　　图 2-3-11

（3）按 Enter 键，透视照片校正后的效果如图 2-3-12 所示。

（4）单击"裁剪工具"，在图像上单击并拉出矩形裁剪框，松开鼠标，移动控制点，选取建筑正面区域，如图 2-3-13 所示。

图 2-3-12　　　　　　　　　　　　　　　　　　图 2-3-13

（5）按 Enter 键，裁剪出建筑的正视图，如图 2-3-14 所示，该图片即可作为建筑场景的贴图使用。

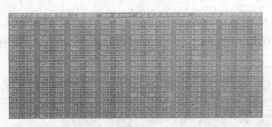

图 2-3-14

用户也可以在原图上直接裁剪出建筑正视图。

2.3.4 分割图片（切片工具和切片选择工具）

切片工具可以将图像分割成多个小的部分，切片会分别存储为独立的文件，在网页设计中切片工具运用得很广泛。

许多网页为了追求更好的视觉效果，往往采用一整幅图片来布局网页，但下载速度较慢；如果把一整张图或完整的网页切割成若干小块，并以表格的形式加以定位和保存，对每一小块图片进行单独的优化，即可加快下载速度。

（1）打开素材文件，在工具箱中单击"切片工具" ，在工具选项板中选择"正常"，可通过拖动鼠标的同时来确定切片比例，如图 2-3-15 所示。

图 2-3-15

（2）在标题文字"婚礼摄影"周围单击并拖出矩形框，松开鼠标后完成切割，切割区域如图2-3-16 所示，每个切割区域就是一个切片，左上角有数字编号。（创建切片时，按住 Shift 键并拖动可将切片限制为正方形。按住 Alt 键拖动可以点击点为中心拖出矩形框。）

图 2-3-16

其中蓝色数字 03 切片是创建的用户切片，图像剩余的部分被自动创建为"自动切片"（切片01、02、04 和 05）。

03 用户切片线框周围有 8 个控制点，单击并移动控制点，可以修改裁剪框宽度、高度，缩小或放大切片。将鼠标指针移至切片内部，鼠标指针切换为"切片选择"图标，此时单击鼠标左键并移动，可移动切片的位置。按键盘上的←、→、↑、↓方向箭头，可以微调切片的位置。

（3）在右侧单击并拖出切片框，切片内包含右侧的三个图像，图像中的切片被重新编列序号，如图 2-3-17 所示。

图 2-3-17

（4）在工具箱单击"切片选择工具"，在工具选项栏中单击"划分"按钮，弹出划分切片对话框，勾选"水平划分为"，设置水平 3 个切片，垂直 2 个切片，单击"确定"，即可将。02 切片被划分为 6 个等分切片，如图 2-3-18 所示。

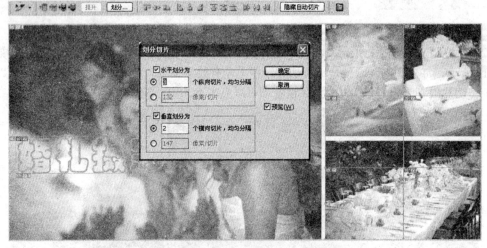

图 2-3-18

（5）移动切片的控制点，修改切片的尺寸，如图 2-3-19 所示。

（6）双击标题文字切片，或单击标题文字切片后单击工具选项栏中切片选项按钮，打开切片选项对话框，输入切片名称，在 URL 框中输入该图片打开的链接网址，如图 2-3-20 所示，单击"确定"按钮。

（7）选择菜单命令"文件／存储为 Web 和设备所用格式"，打开对话框，预设选择 JPEG 高，单击"存储"按钮，如图 2-3-21 所示。

（8）在"将优化结果存储为"对话框中，选取保存的路径，输入保存文件名，单击"保存"按钮，如图 2-3-22 所示。完成切片输出。

图 2-3-19

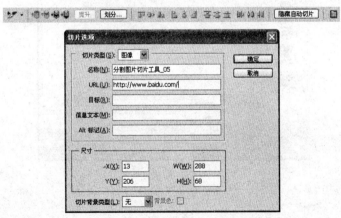

图 2-3-20

（9）切片输出后，包括 HTML 文件以及网页图片文件夹，图像被分割成多个小图片保存，如图 2-3-23 所示。

（10）双击 HTML 文件，打开这张图片网页，如图 2-3-24 所示，单击标题文字，即可打开链接的网页。

图 2—3—21

图 2—3—22

提示:

①切片的种类:

切片依据其是否是自动生成而划分为如下两类。

用户切片:用户使用切片工具创建的切片(图标为蓝色)。

自动切片:用户在创建切片时由软件自动形成的切片(图标为灰色)。

②两种切片的区别

当使用"切片选取工具"选择用户切片时,用户切片的边缘有用于改变切片大小的手柄,当鼠标指针移至框线上时,就会变成小小的双向箭头。

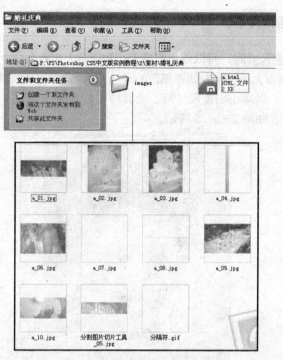

图 2-3-23

图 2-3-24

当使用"切片选取工具"再选择自动切片时，自动切片不存在这样的手柄。

用户切片的边缘以实线显示。自动切片的边缘以灰色虚线显示。

③将自动切片转换为用户切片

使用切片选择工具，选择一个或多个要转换的切片。单击工具选项栏中的"提升"按钮。

④删除和隐藏切片

选择"视图／清除切片"进行删除。如想删除某一个切片，可单击鼠标右键并选择"删除"。

选择"视图／显示／切片"，切片在显示和隐藏之间进行切换。

2.3.5 图像大小和画布大小

当图像需要调整几何尺寸时，可以使用图像大小和画布大小两个命令。"图像大小"可以将图片整体放大或缩小。"画布大小"改变处理图像的区域，当增加图像尺寸时，原图像尺寸不变，在原图像周围加空白边框；当减小图像尺寸时，会裁掉一些画面。

（1）打开素材文件，如图 2-3-25 所示。

图 2-3-25

（2）选择菜单命令"图像／图像大小"，打开对话框，看到文档大小显示的宽度和高度尺寸较大，如图 2-3-26 所示。

（3）为了防止缩放时图像变形，应勾选"约束比例"，以便在更改高度时宽度随之改变，反之亦然；将宽度和高度改为 3 英寸（35mm × 52mm）照片的尺寸，如图 2-3-27 所示。

图 2-3-26

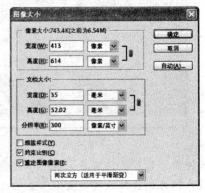

图 2-3-27

（4）单击"确定"按钮，图像被缩小，如图 2-3-28 所示。

（5）选择菜单命令"图像／画布大小"，打开对话框，勾选"相对"，宽度和高度均设置为 5，且在图像"定位"选择"中间"为定位点，即从中间向外扩展尺寸，宽度和高度都增加 5 毫米。

图 2-3-28

"画布扩展颜色"选择白色，如图 2-3-29 所示。

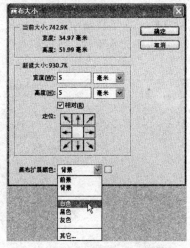

图 2-3-29

提示：

相对：选择此选项，在"宽度"及"高度"数值框中显示图像新尺寸与原尺寸的差值。

定位：单击"定位"框中的箭头，以设置新画布大小尺寸相对于原尺寸的位置，其中的空白为缩放的中心点。

画布扩展颜色：在该下拉菜单中可以选择扩展画布后新画布的颜色，也可以直接单击右侧的色块，在弹出的"拾色器"对话框中选择一种颜色，作为扩展后的画布设置扩展区域的颜色。

（6）单击"确定"按钮，图像外围增加了空白区域，如图 2-3-30 所示。

图 2-3-30

2.4 实例：调整镜头倾斜的图片并按要求保存

在调整视角倾斜的图片时，除了裁剪工具，还可以使用标尺工具，它在旋转图像之后，还会对旋转后图像出现的白边自动进行剪切，使用很方便。本实例就使用标尺调整图像，并按要求保存图像。通常在图像应用或在图片上传到网页上时，会要求影像尺寸不得大于多少，文档需在多少KB以内，因此快速地调节影像，并且保证画质清晰也是必须要掌握的重要知识点。

（1）上传文档规定：

·单一文档大小请勿超过512KB。

·图片作品宽度请勿超过1000像素，以便其他网友浏览。

·图片格式必须是JPG的JPEG文档。

（2）打开镜头倾斜的图片素材文件，在工具箱中单击"标尺工具" ，在图像中单击一点并拖动至另一点后松开鼠标，拉出一直线作为水平线，此时标尺工具选项栏中会显示这条直线倾斜角度，如图2-4-1所示。

图2-4-1

（3）在标尺工具选项栏中，单击"拉直"按钮，这时开始以绘制的直线作为水平基准旋转画布，并进行裁剪，如图2-4-2所示。

图2-4-2

（4）选择菜单命令"文件／存储为 Web 和设备所用格式"，打开对话框，预设选择"JPEG"格式，"图像大小"宽度"w"改为 1000 像素，"品质"选择"两次立方较锐利（适用于缩小）"，用以保留更多在重新取样后的图像细节。

（5）点击"优化菜单"按钮 ▾☰，在弹出的列表中选择"优化文件大小"，打开对话框，输入所需文件大小 500KB，单击"确定"，此时自动计算出压缩比率，这时在左侧可即时预览输出后的结果，如图 2-4-3 所示。

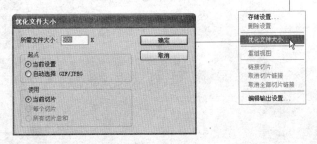

图 2-4-3

（6）满意后，单击"储存"，打开对话框，选择保存路径，输入文件名，单击"保存"，即可将优化结果存储为 JPG 文件。

2.5　小　结

本章主要讲解了 Photoshop CS5 中的一些基础操作，包括文件的基础操作，如何查看图像，修改图像尺寸的方法，掌握这些基础操作是编辑图像最基本的前提条件。

2.6 练 习

一、填空题

(1) 选择菜单命令_____，即可打开"导航器"面板。

(2) 使用_____可以将指定区域外的图像去除。

二、选择题

(1) _____改变处理图像的区域，当增加图像尺寸时，原图像尺寸不变，在原图像周围加空白边框。

    A.切片选择工具　　B.裁剪工具　　C.画布大小　　D.图像大小

(2) 不能查看图像其他区域的工具是_____。

    A.使用窗口滚动条　　B.选择抓手工具　　C.拖移"导航器"面板中的彩色框　　　D.切片

三、上机操作

打开背景素材文件，置入多个素材组合图像，进行缩放、移动操作，如图2-6-1所示，最后保存图像为JPG格式。

图2-6-1

第3章　基础图像编辑

本章介绍 Photoshop CS5 常用的图像编辑命令以及常用辅助工具，用以快速地对图像进行编辑修改，完成设计作品。

3.1　使用辅助工具设计画册封面

辅助工具主要用于对对象进行精确定位，从而使图像可以快速对齐、排布对象，使设计效果更完整、美观。

3.1.1　标尺和参考线（画出血线和定位线）

标尺主要是用于精确定位图像或元素，便于添加参考线，也可以测量页面中的对象，测量页面长宽。

参考线可以帮助用户精确定位图像和文字等元素。参考线不会被打印出来。

（1）选择菜单中"文件／新建"命令，打开"新建"对话框，名称设置为"画册封面"，宽度和高度单位选择厘米，宽度设为 58，高度设为 21.6，分辨率设为 300 像素／英寸，颜色模式选择 CMYK 颜色，8 位，如图 3-1-1 所示，单击"确定"按钮，创建新的 PSD 文档。

（2）在标题栏单击"查看额外内容"按钮，弹出下拉列表，选择显示参考线和显示标尺，如图 3-1-2 所示，此时在绘图窗口顶部和左侧会显示标尺。

图 3-1-1

图 3-1-2

（3）设置标尺测量单位，在标尺上双击可以打开"单位与标尺"的对话框，也可以选择菜单命令"编辑／首选项／单位与标尺"来打开，标尺单位选择"毫米"，单击"确定"按钮。

（4）选择菜单命令"视图／新建参考线"，打开对话框，选择"垂直"，位置输入 3，单击"确定"按钮，创建垂直参考线如图 3-1-3 所示，参考线距离图左侧边界有 3 毫米，即印刷品出血范围。

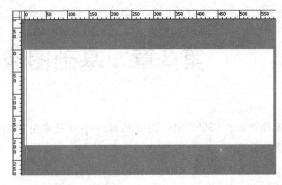

图3-1-3

（5）选择菜单命令"视图／新建参考线"，打开对话框，选择"垂直"，位置输入50%，单击"确定"按钮，创建画布中间位置的垂直参考线 。

（6）选择菜单命令"视图／新建参考线"，打开对话框，选择"垂直"，位置输入577，单击"确定"按钮，创建画册右侧参考线。

（7）选择菜单命令"视图／新建参考线"，打开对话框，选择"水平"，位置输入3，单击"确定"按钮，创建水平参考线。

（8）选择菜单命令"视图／新建参考线"，打开对话框，选择"水平"，位置输入213，单击"确定"按钮，创建水平参考线，如图3-1-4所示 。

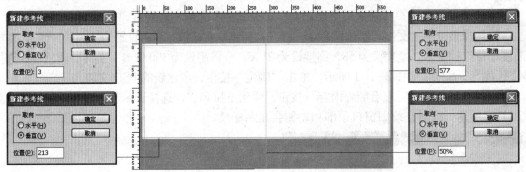

图3-1-4

（9）在工具箱中单击"移动工具"，在左侧垂直标尺上按下鼠标左键，并向画布中间移动鼠标，松开鼠标后，即可添加垂直的参考线。

（10）将指针放置在新建的参考线上，等到指针变为双箭头时，按下鼠标左键并移动至水平标尺292mm位置。（水平参考线也可以通过单击水平标尺并按住鼠标左键向画布内移动鼠标来创建。通过放大视图显示比例，水平标尺就会显示更精细的尺寸标值）

（11）用同样的方法创建水平标尺294mm位置的垂直参考线，如图3-1-5所示。

图3-1-5

（12）参考线创建完成，如图3-1-6所示。

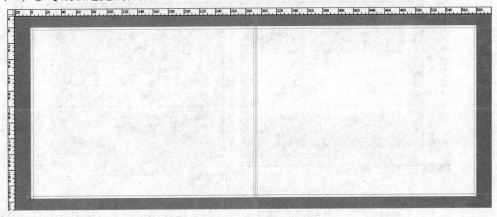

图3-1-6

提示：

移动标尺原点：要在画布上任何地方将标尺原点中心化可以通过在左上角进行拖动。要预设置原点到它的默认位置可以通过双击左上角的位置来完成。

清除参考线：若要清除一条或部分参考线，必须先解除参考线的锁定状态（菜单命令"视图／锁定参考线"），然后使用移动工具将需要删除的参考线拖回标尺即可。

若要一次性清除图像窗口中所有的参考线，执行"视图／清除参考线"命令即可。

隐藏参考线：在标题栏单击"查看额外内容"按钮，弹出下拉列表，取消显示参考线和显示标尺的勾选。菜单命令"视图／标尺"是显示或隐藏标尺的切换命令，"视图／显示／参考线"是显示或隐藏参考线的切换命令。

3.1.2 图片对齐到参考线和智能参考线

"对齐"命令有助于精确放置对象、选区边缘、裁剪选框、切片、形状和路径的位置。

参考线是用户创建的，并可以显示或隐藏，而智能参考线仅在需要对齐形状、切片和选区时才出现。例如，移动矩形到椭圆形附近时，会自动显示的洋红色的线就是智能参考线，如图3-1-7所示，在希望矩形和椭圆形边界或中心点对齐时非常有用。

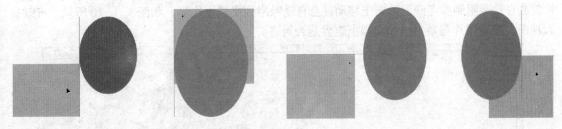

图3-1-7

（1）选择菜单命令"文件／打开"，打开素材文件"封1.jpg"，选择菜单命令"窗口／排列／平铺"，在工具箱中单击"移动工具"，单击素材图片并拖到"画册封面.psd"文档窗口中，如图3-1-8所示，松开鼠标，即将图片复制到画册封面文档中。

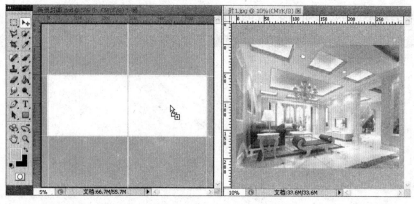

图 3-1-8

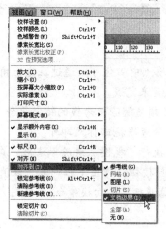

图 3-1-9

（2）选择菜单命令"视图／对齐"，选择菜单命令"视图／对齐到"，对齐的内容选择"参考线"和"文档边界"，如图 3-1-9 所示。

提示：

"对齐到"的子命令有多个，勾选的项目，就是可对齐的项目，当对象移动操作在一定距离范围内，这时会自动靠近参考线、网格、图层、切片和文档边界。

"视图／对齐"命令默认情况下被勾选，处于可执行对齐的操作状态。

（3）在工具箱中单击"移动工具"，单击图片移动图片至 292mm 垂直参考线附近，此时图片就会自动吸附到参考线上，向上移动就会自动吸附到文档上边界，如图 3-1-10 所示。可以放大视图，观察图片与参考线和文档上边界是否对齐。

图 3-1-10

（4）使用步骤（1）的方法，将另一张图片2复制到当前文档中，单击"移动工具"▶⊹，将新图片移至水平标尺42mm的位置，并与文档上边界对齐。

（5）选择菜单命令"视图／显示／智能参考线"，使智能参考线在移动对象时可见。

（6）使用步骤（1）的方法，将另一张矩形图片3复制到当前文档中，单击"移动工具"▶⊹，将新图片移至图片2下方，此时会显示出图片2和图片3洋红色对齐的智能参考线，如图3-1-11所示。松开鼠标，即可将图片3与图片2对齐。

图 3-1-11

（7）使用步骤（1）的方法，将图片4和图片5复制到当前文档中，并移至中间位置。

（8）单击"移动工具"▶⊹，移动，单击图片5并移至图片4附近，即可显示可对齐的智能参考线，如图3-1-12所示的。松开鼠标，完成移动对齐操作。如果智能参考线不容易观察到，可以放大显示比例。

图 3-1-12

提示：

单击右侧"图层"选项卡，每一张复制到当前文档中的图片都是一个图层，图片5就在图层5中，被单击的图层会显示蓝色，表示这个图层是当前层，使用移动工具移动的就是这个当前图层上的图片，如图3-1-13所示。用户可以通过选择图层来变换当前图片。

图 3-1-13

（9）在工具箱中单击"横排文字工具"**T**，在画布上单击并输入文字，画册的设计即可完成，如图3-1-14所示。文字的创建和编辑请参见后面章节内容。

图 3-1-14

3.2　恢复与还原操作

在编辑过程中，如果执行的命令错误，或者对创建的效果不满意，就必然要学会撤销执行的命令和恢复图像。

3.2.1　还原与重做

还原和重做命令只对最后一次执行的命令进行还原和恢复操作。

（1）新建一个空白文档，创建四条参考线作为出血线。

（2）当进行了一次操作后，选择菜单命令"编辑／还原..."，还原后面会显示最后一次执行的命令名称，如图 3-2-1 所示，当前显示的是"还原新建参考线"，或者按快捷键（Ctrl+Z），即可撤销最后执行的一个命令效果，此时最后创建的参考线被取消，还剩三条参考线。

（3）选择"编辑／重做新建参考线"，如图 3-2-2 所示，即可取消还原操作，此时恢复了最后一次创建的参考线。

图 3-2-1

图 3-2-2

3.2.2　前进与后退

"编辑／前进一步"和"编辑／后退一步"命令也是用于撤销和返回的操作，与还原命令不同的是，这两个命令可以进行多次还原和重做。

用户可自行在"编辑／首选项／性能"的历史记录状态中设置还原的次数，默认值为20。但是历史记录保留的次数越多，工作时生成的临时文件越大，所耗内存越大。

3.2.3　恢复文件

选择"文件／恢复"命令可以恢复到最后一次保存的状态。

3.2.4 "历史记录"面板

（1）选择菜单命令"窗口／历史记录"，或单击"历史记录"面板选项卡 ，打开历史记录面板，如图 3-2-3 所示，"恢复"操作也作为历史记录状态添加到历史记录面板中。每执行一个编辑命令，就在历史记录名称下面增加一条记录名称。

提示：

颜色设置、面板设置、动作操作和首选项所作出的更改不会记录在历史记录中。

（2）在"历史记录"面板中单击某一个操作历史记录名称，即可回到该步骤的操作状态，在其以后的步骤都将以灰色状态显示，如图 3-2-4 所示。

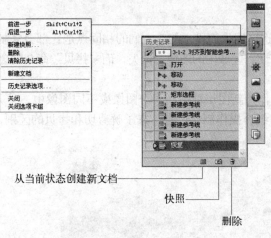

从当前状态创建新文档

快照

删除

图 3-2-3

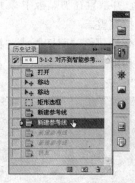

图 3-2-4

（3）单击灰色的历史记录名称"恢复"，可以回到恢复命令的操作状态。在"历史记录"面板右下角单击"删除"按钮 ，即可删除"恢复"命令。

（4）在"历史记录"面板单击"快照"按钮 ，创建图像的快照，新快照将添加到历史记录面板顶部的快照列表中，即将当前的编辑结果保存为一个临时副本，如图 3-2-5 所示。选择一个快照可以从图像的那个版本开始工作。

快照

图 3-2-5

提示：

"快照"命令可建立图像任何状态的临时副本。

快照作用：

①可以轻松地对各种编辑效果进行对比。

例如，可以对原图创建快照1，应用滤镜后创建快照2。然后选择快照1，再应用同一个滤镜，设置不同的参数，再创建快照3。这样就可以尝试在不同的设置情况下应用同一个滤镜。在各快照之间切换，找出您最喜爱的设置，再继续后面的编辑工作。

②利用快照，可以保存历史状态，以便能轻松恢复您的工作。

例如：在尝试使用复杂的技术或应用动作时，由于默认情况下，历史记录只能保存20个步骤，如果超出20个步骤将无法恢复。这时先创建一个快照。如果对结果不满意，可选择该快照来还原。

（5）双击"快照1"名称，可以重新命名，使它更易于识别。

（6）在"历史记录"面板单击"从当前状态创建新文档"按钮，可以将当前状态的图像作为源图像创建一个新文件。

3.3　复制与粘贴

3.3.1　剪切、拷贝和粘贴

编辑菜单中的"剪切"、"拷贝"命令是针对选区图像而设定的。它们的相同点是：都会复制选区的图像，并放置在剪贴板中；不同点是："剪切"区域内的图像会消失，而"拷贝"命令则会使原图像保持完整。

粘贴命令就是将"剪切"或"拷贝"的选区作为新图层粘贴到同一图像或不同图像中。

本节就利用"剪切＋粘贴"、"拷贝＋粘贴"组合操作制作广告，来了解剪切和拷贝的区别，如图3-3-1所示。

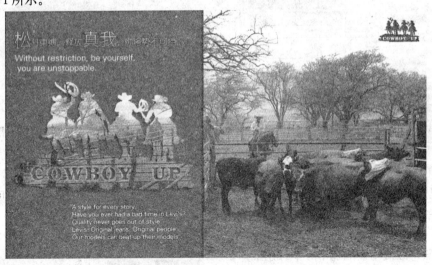

图3-3-1

图3-3-2

（1）打开素材文件"牛仔.jpg"，如图3-3-2所示。

（2）打开素材文件"单色.jpg"，选择菜单命令"选择/全部"，此时单色素材全部被选中，周围显示闪烁的虚线，虚线内是选择的区域，如图3-3-3所示。

(3) 选择菜单命令"编辑／拷贝",或按快捷键"Ctrl+C",复制选择的区域;单击"牛仔.jpg"绘图窗口,选择菜单命令"编辑／粘贴",或按快捷键"Ctrl+V"。

(4) 在工具箱中单击"移动工具",单击单色图像将其移至左侧与文档边界对齐,"图层"面板中新建图层"图层1"中是粘贴的单色图像,如图3-3-4所示。

图3-3-3　　　　　　　　　　　　　　　　　　图3-3-4

(5) 打开素材文件"牛仔剪影.jpg",在工具箱中单击"魔棒工具",在工具选项栏中设置"容差"为50,在黑色剪影位置单击,即可选择中黑色区域,按快捷键"Ctrl+C",复制黑色选区,如图3-3-5所示。

(6) 单击"牛仔.jpg"绘图窗口,按快捷键"Ctrl+V"。粘贴选择的牛仔剪影如图3-3-6所示。

图3-3-5　　　　　　　　　　　　　　　　　　图3-3-6

(7) 在工具箱中单击"移动工具",移动剪影至左侧,在工具选项栏中勾选"显示变换控件",剪影周围显示出控制框和控制点,按住Shift键,移动控制角点,修改尺寸,如图3-3-7所示。按Enter键,取消勾选"显示变换控件"。

图3-3-7

（8）在工具箱中单击"魔棒工具"，在黑色剪影位置单击，选择黑色区域。

（9）在图层面板中单击"图层2"右侧显示图标👁，取消显示，单击"图层1"，此时图层1中显示了选择的轮廓，如图3-3-8所示。

图3-3-8

（10）选择菜单命令"编辑／剪切"，或按快捷键"Ctrl+X"，此时单色图像中选择区域被剪切掉，如图3-3-9所示。

图3-3-9

（11）选择菜单命令"编辑／粘贴"，剪切掉的单色区域被重新粘贴到图像中。

（12）单击"移动工具"▶⊕，移动剪影至右侧，在工具选项栏中勾选"显示变换控件"，剪影周围显示出控制框和控制点，按住Shift键，移动控制角点，修改尺寸，如图3-3-10所示。按Enter键，取消勾选"显示变换控件"。

图3-3-10

（13）在工具箱中单击"矩形选择工具"[ ]，在剪影文字周围单击并拖动鼠标，松开鼠标后创建一个矩形选择区域，如图3-3-11所示。

图3-3-11

（14）按快捷键"Ctrl+C"，复制选择的矩形区域；或按快捷键"Ctrl+V"，在原位置粘贴拷贝的矩形区域。

（15）单击"图层4"，单击"图层样式"按钮 fx，在弹出的列表中选择"内阴影"，打开图层样式对话框,在左侧勾选"外发光",单击"确定"按钮,图层4中文字内容即可增加"内阴影"和"外发光"两种效果,使文字更突出,如图3-3-12所示。

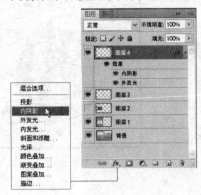

图 3-3-12

(16) 用同样的方法,为图层3和图层1添加"内阴影"效果,使牛仔剪影和牛仔缕空效果更突出,如图3-3-13所示。

(17) 最后为图像添加文字,完成广告的设计。

图 3-3-13

3.3.2 合并拷贝 (T恤印花)

"拷贝"命令创建当前图层上的选择区域的副本。

"合并拷贝"命令是建立选择区域中所有可见图层的合并副本。合并拷贝的优点是只复制显示图层的选中区域,并对其进行合并,以便整体复制,而"拷贝"命令只能复制当前图层中的选中内容。当图案比较复杂,并且不需要修改时,可以使用合并拷贝。

(1) 打开素材文件"T恤.psd",如图3-3-14所示。

(2) 打开素材文件"图案1.psd",如图3-3-15所示。

(3) 在图层面板中单击"图层1"的显示按钮，该按钮将隐藏,如图3-3-16所示,绘图窗口隐藏白色背景,保留组成图案的3个图层。

(4) 选择菜单命令"选择/全选",选择菜单命令"编辑/合并拷贝",将组成图案的3个图层中的印花图像合并为一个图形拷贝到剪切板中。

(5) 单击"T恤.psd"绘图窗口,选择菜单命令"编辑/粘贴",此时组成图案的3个图层被合并为一个图案放置在"图层2"中,如图3-3-17所示。

图3-3-14

图3-3-15

图3-3-16

图3-3-17

（6）在工具箱中单击"移动工具"▶⊹，移动粘贴的图形至 T 恤图案中，在工具选项栏中勾选"显示变换控件"，按住 Shift 键，移动控制角点，修改尺寸，如图3-3-18所示。按 Enter 键，取消勾选"显示变换控件"。

（7）用同样的方法，将"图案2.psd"粘贴到 T 恤设计图中，如图3-3-19所示。

图3-3-18

图3-3-19

3.4 图像的移动与变换

在绘图过程中经常需要对图像进行变换操作，从而使图像的大小、方向、形状或透视符合作品要求。变换图像的方法有两种：一是利用移动工具变换图像；另一种是利用菜单命令变换图像。

3.4.1 移动工具移动图像、对齐图像和变换操作

移动工具可以将图层中的整幅图像或选区中的图像移动到指定位置。出于制作需要，图像的

移动也会有位置要求，经常要将一些图像排列在同一水平或垂直线上，因此移动工具还有对齐图像的功能。移动工具还有变换功能选项，用于图像的变形操作。

(1) 打开I素材文件，默认情况下选择最顶端图层，如图3-4-1所示。

图3-4-1

(2) 在工具箱中单击"矩形选择工具"，在文字周围单击并拖动鼠标，松开鼠标后创建一个矩形选择区域，单击"移动工具"，将光标移至选区内，并移动选区，会提示不能移动，因为当前图层（Phone）中选区内无图像，如图3-4-2所示。单击"确定"按钮。

图3-4-2

(3) 单击文字所在的背景图层，再次移动选区，如图3-4-3所示，选区原位置被填充为黑色。

  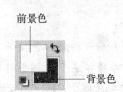

图3-4-3

提示：

在工具箱中背景色默认情况下为黑色，背景图层选区移动后，自动填充背景色；普通图层上的选区移动后，原位置为透明。

(4) 按"Ctrl+Z"组合键，取消移动。在工具箱中单击"切换前景色和背景色"按钮，背景色即可改为白色，单击"移动工具"，再次移动背景图层上的选区图案，背景图层选区移动后，会自动填充白色。在工具箱中单击"移动工具"，单击绘图区并移动光标，松开鼠标即可将移动背景图层中的图像，如图3-4-4所示。

图3-4-4

提示：

在移动图像时，按住Alt键并移动图像，可创建选区或图层的副本。

在移动图像时，按住Shift键可以确保图像在水平、垂直或45度角倍数的方向上移动。

（5）按"Ctrl+O"组合键，打开按钮素材文件；按"Ctrl+A"组合键，选择全部图像；按"Ctrl+C"组合键，复制图像，关闭按钮素材文件；在 iPhone 图像窗口中单击，按"Ctrl+V"组合键，粘贴按钮。

（6）用同样的方法粘贴四个按钮。单击"移动工具"▶⊕，在移动工具选项栏中，勾选"自动选择"，单击中间的拼图图案，即可自动选择该图案所在的组或图层（图层2），此时即可移动其位置，如图 3-4-5 所示。（在移动对象时，还可以利用 3.1 节学习内容，使图片对齐到图层、参考线和智能参考线）

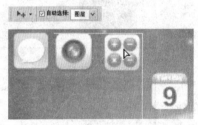
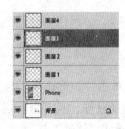

图 3-4-5

（7）按住 Shift 键，单击图层1和图层4，即可选中图层1、图层2、图层3和图层4，这是4个需要对齐按钮图像所在的图层。

（8）单击"移动工具"▶⊕，工具选项栏中就会出现对齐方式的选项，如图 3-4-6 所示。

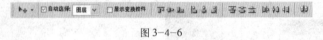

图 3-4-6

提示：

对齐和分布路径组件按钮：顶对齐▫▫、垂直居中对齐◧▫、底对齐▫◧、左对齐▯、水平居中对齐▫、右对齐▫。主要是用于对齐图像。

分布组件按钮：按顶分布▫、垂直居中分布▫、按底分布▫、按左分布▯▯、水平居中分布▯▯、按右分布▯▯。分布组件按钮必须选择三个以上的图层才有效，是用来均匀地分布图层之间的距离，使图像之间的距离保持一致。

自动对齐图层▫，用于多个图像缝合在一起，例如，创建全景图。

图 3-4-7

（9）单击"顶对齐"▫▫，三个图像顶端对齐；单击"按右分布"▯▯，从每个图层的右端像素开始，间隔均匀地分布图层，如图 3-4-7 所示。

（10）复制其他图标按钮，并使用"移动工具" ▶⊹移动位置，按住Shift键，单击图层1、图层5、图层9和图层13，即可选中第1列4个图层，在移动工具工具选项栏中单击"左对齐" ▯▮，用同样的方法左对齐第2、3、4列按钮，如图3-4-8所示。

图3-4-8

（11）按住Shift键，单击图层1和图层4，即可选中图层1、图层2、图层3和图层4，这是4个需要对齐按钮图像所在的图层。在图层面板右上角单击按钮 ▼≡，在弹出的列表，选择"从图层新建组"，即可将选择的4个图层创建为一个组。用同样的方法，将每排按钮都创建为一个组，如图3-4-9所示。

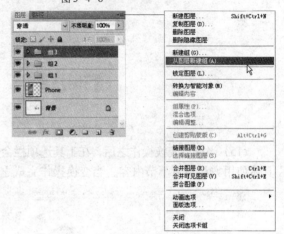

图3-4-9

（12）按住Shift键，单击组1和组3，单击"移动工具" ▶⊹，在工具选项栏中"自动选择"右侧选择"组"，此时单击"按顶分布" 〒，顶部三排按钮组合间隔被均匀分布，如图3-4-10所示。

图3-4-10

提示：

"自动选择"选项：有两个选项"图层"和"组"。

自动选择图层：在图像文件中移动图像时，可以自动将图像所在的图层设置为工作层；若不勾选此选项，在移动图像之前，必须在[图层]面板中将图像所在的图层设置为工作层，然后再移动。

自动选择组：在移动图像时，例如移动的图像属于某个图层组，此时将移动整个图层组中的图像。

"显示变换控件"选项：将根据工作层（背景层除外）图像或选区大小出现虚线变换框。变换框的四周有 8 个小矩形，称为调节点；中间的"符号"为调节中心。在变换框的调节点上按下鼠标左键拖动，可以对变换框内的图像进行变换调节。

（13）单击背景图层，在工具箱中单击"矩形选择工具" ，在文字"细节体现未来"周围单击并拖动鼠标，松开鼠标后创建一个矩形选择区域。

图 3-4-11

（14）单击"移动工具" ，在工具选项栏中选择"显示变换控件"，此时选区边界出现变换框，在变换框的控制点或变换框边线上按下鼠标左键并拖动，可以对变换框内的图像进行变换调节，如图 3-4-11 所示。将光标放在四个角点外侧可以旋转图像。

（15）当进行变换操作之后，在工具选项栏会切换显示为变换操作选项栏，如图 3-4-12 所示。具体使用方法请看下节内容。当变换操作完成之后，按 Enter 键，即可返回移动操作状态。

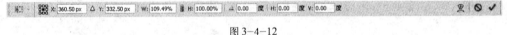

图 3-4-12

3.4.2 缩放变换、再次变换和再次变换并复制

有时移动、复制一个图像到另一个图像文件中，会由此变得过大或者过小。这是由于图像之间的尺寸或分辨率不同而引起的。因此就需要对图像进行缩放。

当希望对源图像重复上一次变换操作，可使用"编辑／变换／再次"命令。

另外还有一个经典快捷键"Shift+Ctrl+Alt+T"，是"复制并再次变换"操作，会先复制选择的对象，并对其执行上一次变换操作。

图 3-4-13

（1）打开素材图像，单击海鸥所在图层，如图 3-4-13 所示。

（2）选择菜单命令"编辑／变换／缩放"，海鸥周围显示变换边界框、变换矩形控制点和中心点，如图 3-4-14 所示。

图 3-4-14

（3）工具选项栏中显示"自由变换"操作参数，如图 3-4-15 所示。

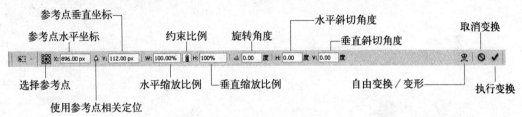

图 3-4-15

X：设置图像水平方向的位置，Y：设置图像垂直方向的位置，通过这两个参数可以调整图像在文档中的位置。激活"使用参考点相关定位"按钮△，将以当前的位置为参考点指定新位置。

W：设置图像水平缩放比例，H：设置图像垂直缩放比例。激活"约束比例"链接按钮◉，在调整宽度或高度参数时可以保持图像的长宽比例。

"设置旋转"参数可以调整图像的角度。

H：调整图像横向斜切的角度，V：调整图像纵向斜切的角度。设置"设置旋转"参数为0，然后更改 H 和 V 参数，调整图像的效果更像平行四边形。

单击"在自由变换和变形模式之间切换"按钮◙，可以对图像进行变形，这时调节变形控制柄可以变换图像的形状，同时"变换"选项栏变为了"变形"选项栏。

（4）将光标移到变换框各边中间的调节点上，待光标显示为横箭头↔或竖箭头↕时，按下鼠标左键左右或上下拖动，可以水平或垂直缩放图像。将鼠标指针放置到变换框4角的控制点上，待光标显示为"斜双面箭头"⤢或⤡时，按下鼠标左键拖动，可以任意缩放图像；此时，按住 Shift 键可以等比例缩放图像；按住"Alt+Shift"组合键可以以变换框的调节中心为基准等比例缩放图像。以不同方式缩放图像时的形态如图 3-4-16 所示。

（5）在工具选项栏中，单击激活"约束比例"链接按钮◉，水平缩放参数 W 设置精确的缩小比例为70，将光标移至边界框内，单击并移动海鸥的位置，如图 3-4-17 所示。

（6）按 Enter 键，完成缩放和移动操作。

（7）选择菜单命令"编辑／变换／再次"，将海鸥再次缩小至70%，并移动相同的方向和距离，如图 3-4-18 所示。

（8）按快捷键"Ctrl+Z"，取消再次变换操作。

（9）按快捷键"Shift+Ctrl+Alt+T"，复制海鸥并再次执行变换，再次按快捷键"Shift+Ctrl+Alt+T"，复制海鸥并再次执行变换，创建海鸥复制品逐渐缩小的效果，如图 3-4-19 所示。

源图像

垂直缩放

水平缩放

自由缩放

等比例缩放

图 3-4-16

图 3-4-17

图 3-4-18

图 3-4-19

提示：

原位复制并变换快捷键"Ctrl+Alt+T"，可以让海鸥上多了一个变换框。这个变换框看起来和按自由变换快捷键"Ctrl+T"后相同，实际上，这时候已经复制了一个海鸥，因为和原来的海鸥重叠，所以还看不出来。如果记不住快捷键，可以复制海鸥图层，然后再进行缩放变换。

（10）从素材文件中复制另一个海鸥图片，用同样的方法对其移动和放大，如图3-4-20所示。

图3-4-20

3.4.3　旋转

旋转围绕参考点转动项目。默认情况下，此点位于对象的中心；但是，您可以将它移动到另一个位置。

如果您选取了"旋转"，请将指针移到外框之外（指针变为弯曲的双向箭头），然后拖动。按Shift键可将旋转限制为按15度增量进行。

（1）打开箭头素材图像，如图3-4-21所示。

（2）选择菜单命令"编辑／变换／旋转"，箭头周围显示变换边界框、变换矩形控制点和中心点，如图3-4-22所示。

（3）单击中心点并移动位置，如图3-4-23所示。

图3-4-21　　　　　　　　　　图3-4-22　　　　　　　　　　图3-4-23

（4）此时光标显示为旋转图标 ↰，单击并移动光标，箭头会以中心点为轴心旋转，在工具选项栏中自由变换参数"旋转角度" ⊿会显示当前旋转的角度，也可以输入精确值"45"，如图3-4-24所示。按Enter键，确定旋转操作。

（5）按快捷键"Shift+Ctrl+Alt+T"，创建副本后旋转45度。一直按这个快捷键，箭头可以被一直复制下去，最后形成一个圆环图案，如图3-4-25所示。

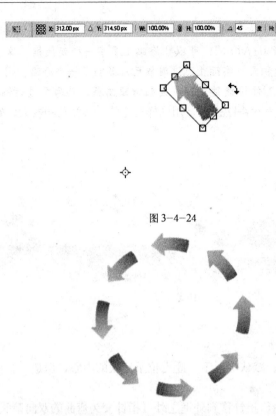

图 3-4-24

图 3-4-25

（6）选择菜单命令"文件／恢复"，恢复到上次存储的版本，窗口中只有一个箭头。

（7）选择菜单命令"编辑／变换／旋转"，单击中心点并向下移动，在工具选项栏中"旋转角度"△输入"20"，缩放比例值 W 和 H 输入"95"。按 Enter 键，确定缩放旋转操作，初始变换设置完成。

（8）按快捷键"Shift+Ctrl+Alt+T"，箭头被复制了一个副本，并按照刚才设置的变换方式进行了缩小旋转。一直按这个快捷键，箭头会按照这个设置一边复制图层，一边变换，箭头会被一直复制下去，最后形成一个螺旋形的图案，如图 3-4-26 所示。

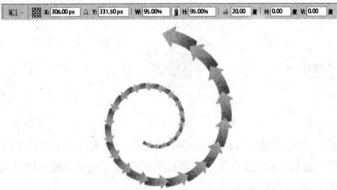

图 3-4-26

提示：

使用 Photoshop 复制变换得到漂亮的规则变化图形的方法。经典的快捷键"Shift+Ctrl+Alt+T"，可以创造出千变万化的规则图案，功能强大无比。

所谓复制变换，是指把一个图层中的物体复制并自由变换，多次的复制和自由变换之后，就可以得到顺序渐变的优美图形。

Photoshop还提供了三个精确旋转命令：

旋转180度：将整个图像旋转180度。

旋转90度（顺时针）：将图像顺时针旋转90度。

旋转90度（逆时针）：将图像逆时针旋转90度。

3.4.4 翻转图像

在创建对称图像时（例如：图像的倒影等），这时就需要使用翻转命令：（1）水平翻转：对图像进行水平翻转。（2）垂直翻转：对图像进行垂直翻转。

（1）将花纹边框图像复制到名片模板中，单击"移动工具" ▶︎⊕，将花纹移到名片左上角，如图3-4-27所示。

图3-4-27

（2）右击花纹所在图层，在弹出的列表中选择"复制图层"，复制图层，如图3-4-28所示，此时两个花纹图案位置重叠。

图3-4-28

（3）选择菜单命令"编辑／变换／水平翻转"，创建水平方向对称图形，单击"移动工具" ▶︎⊕，将花纹移到名片右侧，如图3-4-29所示。

（4）按住Shift键，单击两个花纹所在图层，右击该图层，在弹出的列表中选择"复制图层"。

（5）选择菜单命令"编辑／变换／垂直翻转"，创建垂直方向对称图形，单击"移动工具" ▶︎⊕，将花纹移到名片下端，如图3-4-30所示。

图3-4-29

图3-4-30

3.4.5 斜切

"斜切"变换时，移动控制点使边界框产生倾斜。常用于制作平行四边形的效果，也可以制作倾斜一条边的效果。

(1) 打开素材文件，如图 3-4-31 所示。

(2) 单击文字"Sports"图层，选择菜单命令"编辑／变换／斜切"，移动鼠标指针到控制框中间的水平控制点上，当鼠标指针变为 状时，按住鼠标左键并向右移动，可以对图像进行平行四边形的斜切操作，如图 3-4-32 所示。

图 3-4-31   图 3-4-32

(3) 移动鼠标指针到控制框中间的垂直控制点上， 状时，按住左键拖动鼠标，向上移动，效果如图 3-4-33 所示。

(4) 单击右下角控制点，可以沿竖边框和横边框方向移动，如图 3-4-34 所示，虚线为右下角控制点可以移动的位置。

图 3-4-33   图 3-4-34

(5) 按 Enter 键，确定斜切操作。

3.4.6 扭曲

"斜切"和"透视"变换中的控制点移动的位置是受限制的，而"扭曲"控制点可以自由地移动，移动位置不受限制，因此可以将图像向各个方向伸展，使用起来更灵活。

(1) 打开素材文件，单击"阴影"图层，选择菜单命令"编辑／变形／扭曲"，阴影图像四周显示出变换调节框和控制点，如图 3-4-35 所示。

图 3-4-35

（2）移动控制点，如图 3-4-36 所示。

（3）按 Enter 键，结束扭曲操作，如图 3-4-37 所示。

图 3-4-36   图 3-4-37

3.4.7 透视

"透视"变换命令可使图像得到近大远小的透视效果。通常在设计图中需要将平面图制作成立体效果时使用，如为室内外效果图后期添加墙上的画、室外大屏幕内容、招牌文字等。

（1）打开素材文件，在工具栏中单击"矩形选框工具"，在封面左上角按住鼠标左键并拖动光标至右下角，松开鼠标后绘制矩形选区，如图 3-4-38 所示。

（2）选择菜单命令"编辑／变形／透视"，单击右下角控制点，向上移动，如图 3-4-39 所示。按 Enter 键，结束透视变形操作。

（3）单击"矩形选框工具"，选择书脊区域，选择菜单命令"编辑／变形／透视"，单击左下角控制点，向上移动，如图 3-4-40 所示。按 Enter 键，结束透视变形操作。

图 3-4-38   图 3-4-39   图 3-4-40

（4）在图层面板中，单击"图层样式"按钮，在弹出的列表中选择"描边"，打开图层样式对话框，设置"描边大小"为1像素，单击"确定"按钮，效果如图3-4-41所示。

（5）在图层面板中单击"新建图层"按钮，创建一个新图层；在工具箱中单击"矩形选框工具"并选择书脊区域，单击"渐变工具"，单击选区内左侧拖至右侧，松开鼠标后，在新图层中创建渐变效果，如图3-4-42所示。

图3-4-41   图3-4-42

（6）在图层面板中修改当前图层不透明度为23%，如图3-4-43所示。

（7）选择菜单命令"编辑／变形／透视"，单击左下角控制点，向上移动，如图3-4-44所示。按Enter键，结束透视变形操作。

（8）在工具箱中单击"矩形工具"，绘制矩形后，再单击"形状"图层并拖至"图层1"下面，选择菜单命令"编辑／变形／扭曲"，移动控制点，修改为阴影效果，如图3-4-45所示。

图3-4-43   图3-4-44   图3-4-45

3.4.8　变形

"变形"命令，可以在图形表面显示网格，拖动网格即可对图像进行相应的变形，也可以在变形选项栏上选择变形样式，选择合适的形状对图像进行变形。适用于制造膨胀、挤压、波浪等弯曲变形效果。

（1）打开咖啡、花纹素材文件，将花纹素材拷贝到咖啡素材文件中，如图3-4-46所示。

图3-4-46

（2）选择菜单命令"编辑／变换／变形"，在变形工具选项栏中选择"拱形"或"扇形"如图 3-4-47 所示。

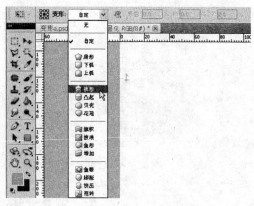

图 3-4-47

（3）花纹周围显示出网格，向下移动中间的控制点，使花纹呈向下弯曲，如图 3-4-48 所示。

（4）如果效果不满意，可以选择"自定"样式，此时四个控制点会显示控制手柄，移动手柄，或网格内的控制点、线条或区域，以更改外框和网格的形状，如图 3-4-49 所示。

图 3-4-48

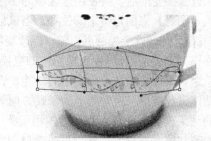

图 3-4-49

（5）按 Enter 键，确定变形操作，如图 3-4-50 所示。

图 3-4-50

3.4.9 自由变换

自由变换可以对整个图像、某个选区范围、某个图层或某段路径等进行缩放、旋转、斜切、扭曲和透视等变换操作。

（1）选择"编辑／自由变换"命令，或按快捷键"Ctrl+T"，此时图像的周围出现了控制框，如图 3-4-51 所示。

（2）在进行自由变换操作时，除了上述介绍的操作外，还可以使用快捷菜单进行操作。在自由变换的控制框内或控制框外单击鼠标右键，会弹出自由变换的快捷菜单，如图 3-4-52 所示。在其中还可以进行翻转操作。

图 3-4-51

图 3-4-52

3.5 操控变形

操控变形，就是运用图钉来定义变形关节，再由关节的转动与位移来产生变形效果，可以在随意地扭曲特定图像区域的同时保持其他区域不变。

执行操控变形后，会在所选区域的图像上自动建立一个布满三角形的网格，然后用黄点黑边的锚点（图钉）来固定特定的位置，当鼠标指针指向一个锚点时，它就会变为中间带黑点的控制点（图钉），拖动这个控制点，就可以改变物体的形状，好像操纵木偶一样。应用范围小至精细的图像修饰（如发型设计），大至总体的变换（如重新定位手臂或下肢）。

总之，操控变形是十分实用的功能，合适人物、动物、植物运动类姿体表现，如对运动员的肢体动作进行变形，植物藤蔓的攀爬方向等。原始素材的形态相当重要，假如动态相对舒展，则获得的结果会相对理想，假如肢体相重叠，操控起来就相对困难。

本节将练习直立的击球女孩改为倾斜扑救抢球的动作，如图 3-5-1 所示。

图 3-5-1

（1）打开运动女孩素材文件，单击"女孩"图层，选择菜单命令"编辑／操控变形"，在选项栏中，设置使用默认参数，如图 3-5-2 所示。

图 3-5-2

提示：

选项栏功能：

·**模式**：确定网格的整体弹性。为了让图形更具弹性，通常选取"扭曲"。

·**浓度**：确定网格点的间距。较多的网格点可以提高精度，可执行细处的调节；较低密度的网格点可快速摆出想要的姿态。

·**扩展**：数值的大小用于扩展或收缩网格的外边缘。

·取消"显示网格"勾选，只显示调整图钉，从而显示更清晰的变换预览。拖动图钉对网格进行变形。

·**图钉深度**：要显示与其他网格区域重叠的网格区域，请单击选项栏中的"图钉深度"按钮"上移图钉"、"下移图钉"。

·**旋转**：选择一个图钉，设置这个图钉的旋转角度，图钉旋转，就是以这个图钉为中心旋转周围的图像。也可以按下 Alt 键，会显示旋转的变换圈，手动旋转图钉。

·要移去选定图钉，应按 Delete 键。

·单击选项栏中的"移去所有图钉"按钮，会移去所有图钉。

（2）此时图层布满了三角形的面片，在重点部位上单击，即可创建一个黄色的图钉，也就是定义了一个关节，依次单击创建多个图钉，如图 3-5-3 所示。

（3）在工具选项栏取消"显示网格"勾选，隐藏网格，只显示图钉，如图 3-5-4 所示。

图 3-5-3

图 3-5-4

（4）单击图钉，图钉中间显示黑圆点，即选中此图钉，此时即可移动该图钉，同时使图钉周围的图像变形，如图 3-5-5 所示。

在选中某个关节点时按下 Alt 键，会显示旋转的变换圈，用鼠标执行旋转就可调整关节弯曲的角度，也可以在工具选项栏中直接输入这个图钉的旋转角度。

（5）按Enter键，或点击工具选项栏确定按钮"√"，完成变形操作。单击"移动工具"▶⊕，移动网球位置，如图3-5-6所示。

图 3-5-5　　　　　　　　　　　　　　　　　　图 3-5-6

提示：

选项栏中的"图钉深度"有"上移图钉"、"下移图钉"两个按钮。点击"上移图钉"，当前选择的图钉所控制的图象就会跑到上层去。在图形操控变形过程中如原来分开的图形有重叠现象，这时就有哪一个图像放在上面哪一个放在下面的问题，这时使用"把图钉前移"按钮，就可以修改图像上下顺序。如图3-5-7所示，图钉上移位置，可将面部图像上移到网拍前面。

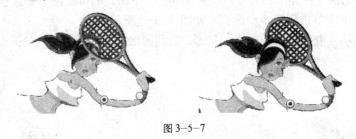

图 3-5-7

3.6　实例：光盘封面制作

本节实例，利用光盘的模板和设计图案，使用复制、粘贴、缩放变换工具，制作光盘封面，如图3-6-1所示。

（1）打开两个素材文件"光盘模板"和"封面设计图案"。

（2）在工具箱中单击"魔棒工具"，在光盘模板黑色区域单击，即可选中黑色区域。按快捷键"Ctrl+C"，复制选择的区域；单击"封面设计图案"绘图窗口，按快捷键"Ctrl+V"，粘贴光盘。

（3）在图层面板中单击图案所在的图层1，按快捷键"Ctrl+T"，对图案进行自由变换操作，缩小图案，如图3-6-2所示。按Enter键，结束变换。

（4）单击黑色光盘所在的图层2，在工具箱中单击"魔棒工具"，在光盘模板黑色区域单击，即可选中黑色区域。单击图案所在的图层1，按快捷键"Ctrl+C"，复制图层1选区内的图案。

（5）按快捷键"Ctrl+V"，粘贴选区图案为一个新图层，单击另外两个图层左侧的按钮，只显示光盘图案，如图3-6-3所示。

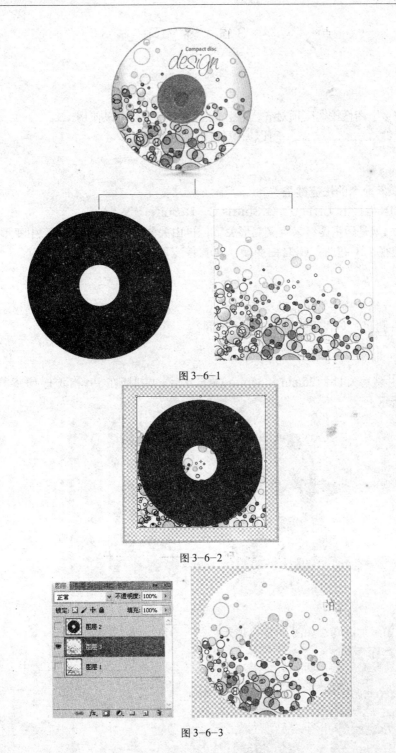

图 3-6-1

图 3-6-2

图 3-6-3

3.7 小 结

本章主要讲解了一些基础的图像编辑，包括标尺、参考线，图像复制与粘贴，图像的移动与变换，以及特殊的操控变形。掌握这些命令，可以快速地修改设计方案和照片。

3.8 练 习

一、填空题

(1) 要将多个图像或选区顶对齐,并且间隔距离相等,可以使用_____工具。

(2) 快捷键"_____"可以原位复制并变换图形。

二、选择题

(1) "拷贝"命令的快捷键是"_____"。

A.Ctrl+A   B.Ctrl+C   C.Shiftl+C   D.Shift+S

(2) _____就是运用图钉来定义变形关节,再由关节的转动与位移来产生变形效果,。

A.透视   B.扭曲   C.自由变换   D.操控变形

三、问答题

(1) 本章介绍了哪些常用辅助功能?

(2) "合并拷贝"与普通的拷贝有什么不同?

四、上机操作

(1) 将图片裁剪为1寸(25mm × 35mm)照尺寸后,并排版在5寸相纸上(3.5英寸×5英寸),如图 3-8-1 所示。

图 3-8-1

(2) 为灯罩添加图案,如图 3-8-2 所示。

图 3-8-2

第4章 图像的选取

在 Photoshop 中创建或编辑图像时，大多数情况下都需要用户先创建工作区域再进行操作。本章介绍如何在 Photoshop 中创建、调整以及保存和载入选区知识，以使用户全面掌握选区并能进行实例的创作。

4.1 规 则 选 区

创建选区就是指定工作范围，创建选区后将只能在选区范围内操作，如移动、复制、填充和颜色调整等，选区外的区域不会受到操作的影响。

为了满足各种选择任务的需要，Photoshop 提供了多种选区工具，应依据形状、色调、选择对象边缘等图形特点，来挑选合适的选区工具。

4.1.1 矩形选框工具

矩形选框工具用于创建长方形或正方形选区。

(1) 打开素材文件，单击工具箱中的"矩形选框工具"[ ]，如图 4-1-1 所示。

图 4-1-1

(2) 在"矩形选框工具"选项栏中单击"新选区"按钮，设置"羽化"值为 0px，"样式"为正常，如图 4-1-2 所示。

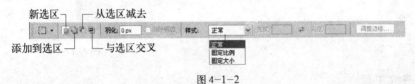

图 4-1-2

"新选区"：用于创建独立的新选区。如果再次创建一个选区，新选区将代替旧选区。

"添加到选区"：选择该按钮时，会以添加方式建立新选区。

"从选区减去"：选择该按钮时，原有选区会减去与新建选区相交的部分。

"与选区交叉"：选择该按钮时，仅保留原有选区与新建选区相交的部分。

"羽化"：通过建立选区和选区周围像素之间的转换边界来模糊边缘。该模糊边缘将丢失选区边缘的一些细节。

"消除锯齿"：勾选该复选框，可以通过淡化边缘像素与背景像素之间的颜色，使选区的锯齿状边缘平滑。

"样式"：在此下拉选项中可选择"正常"、"固定比例"或"固定大小"3 个样式来创建选区。

"调整边缘"：单击此按钮，可打开"调整边缘"对话框对选区边缘进行更细致的调整。

（3）移动鼠标指针到文档窗口内，等鼠标指针变为十字形状时，按住鼠标左键并拖动，创建矩形选区，如图 4-1-3 所示。

提示：

在按住 Shift 键时建立的都是正方形选区，按住 Alt 时建立的都是从绘制选区中心扩展的选区，同时按住 Shift 键和 Alt 键时建立的是从绘制选区中心扩展的正方形选区。

（4）在工具选项栏中单击"添加到选区"按钮 ，绘制另外两个矩形选区，新选区与原来的选区合并成一个新选区，如图 4-1-4、4-1-5 所示。

（5）按快捷键"Ctrl+C"，复制选区；按快捷键"Ctrl+N"，新建文件；按快捷键"Ctrl+V"，在新文件中粘贴选区，如图 4-1-6 所示。

图 4-1-3

图 4-1-4

图 4-1-5

图 4-1-6

4.1.2　椭圆选框工具

椭圆选框工具用于创建椭圆形或圆形选区。

（1）打开素材文件，单击工具箱中的"椭圆选框工具" ，在图像中按住鼠标左键并拖动鼠标，松开鼠标后创建一个椭圆的选区，如图 4-1-7 所示。

（2）按住"Shift+Alt"组合键，在人物脸部中心单击并拖动鼠标，即以单击处为中心点向四周绘制正圆形选区，如图 4-1-8 所示。

提示：

按住 Alt 键，以单击处为中心，向外绘制椭圆选区；按住 Shift 键，可以按鼠标拖动方向绘制正圆。同时按住 Shift 键和 Alt 键，建立的是从绘制选区中心扩展的圆形选区。

图 4-1-7

图 4-1-8

（3）按快捷键"Ctrl+C"，复制选区；按快捷键"Ctrl+N"，新建文件；按快捷键"Ctrl+V"，在新文件中粘贴选区，如图 4-1-9 所示。

图 4-1-9

（4）单击素材文件，在椭圆工具选项栏中修改"羽化"值为 20，按住 Alt 键，单击人物面部中心位置，向外绘制椭圆选区，如图 4-1-10 所示。

图 4-1-10

（5）按快捷键"Ctrl+C"，复制选区；按快捷键"Ctrl+N"，新建文件；按快捷键"Ctrl+V"，在新文件中粘贴选区，如图 4-1-11 所示。

图 4-1-11

提示：

羽化是一个简单而又非常出效果的工具，在各种图形处理中会经常用到。羽化选区的原理可以理解为靠近选区中心所选到的像素多而远离选区中心所选到的像素少，由多到少逐渐过渡，就产生了朦胧效果。

4.1.3　单行、单列选框工具

打开今日在线学习网址 www.todayonline.cn，页面效果如图 4-1-12 所示。右击"网站公告"标题栏色彩渐变的背景图片，在弹出的对话框中选择"背景另存为"，保存为 zw_2.png。查看该图片，会发现保存的图片是由上到下渐变的 1px 宽的细长图片。通常为了优化网页，网页上使用的图片都是重复使用的。1 像素宽可最大限度地节省图片文件的体积，将其当背景进行横向平铺，就组成了网页上的标题栏背景。本节就学习使用单行、单列选框工具，制作这个背景图片。

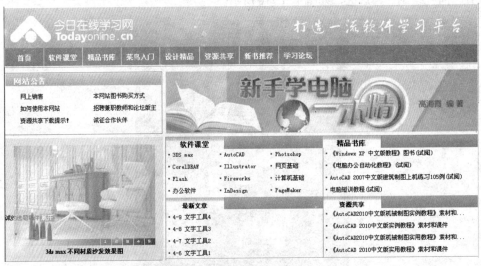

图 4-1-12

（1）打开标题栏素材文件，如图 4-1-13 所示，色彩由上向下渐变加深。

图 4-1-13

（2）选择菜单命令"图像／画布大小"，在对话框中显示当前图像的宽度和高度，如图 4-1-14 所示。

（3）"高度"修改为 25 像素，在"定义"区，单击第一排第二列空白框作为缩放中心点，如图 4-1-15 所示。单击"确定"按钮。

图 4-1-14

图 4-1-15

（4）画布高度增加，在底部增加 1 像素，在工具箱中单击"单行选框工具"，在画布底部单击，选择水平方向高度为 1 像素的选区，如图 4-1-16 所示。

图 4-1-16

（5）选择菜单命令"编辑／填充"，选择"颜色"后，设置为灰色，如图 4-1-17 所示。单击"确定"按钮。

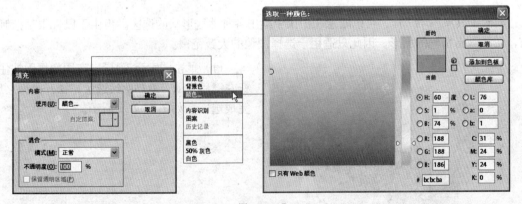

图 4-1-17

（6）此时在水平方向高为 1 像素的选区中被填充灰色，模拟出阴影效果，如图 4-1-18 所示。

图 4-1-18

（7）在工具箱中单击"单列选框工具"，在图像上单击，创建垂直方向宽度为1像素的选区，如图4-1-19所示。

图 4-1-19

（8）按快捷键"Ctrl+C"，复制选区；按快捷键"Ctrl+N"，新建文件，新文件默认的宽度为1像素高度为25像素，与复制选区宽度和高度相同，如图4-1-20所示，单击"确定"按钮。

（9）按快捷键"Ctrl+V"，在新文件中粘贴选区，如图4-1-21所示。按快捷键"Ctrl+S"，保存图像。

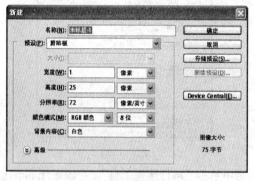

图 4-1-20

图 4-1-21

4.2 不规则选区

套索工具、多边形套索工具、磁性套索工具适用于曲线、多边形或不规则的选区。

4.2.1 套索工具

索套工具象画笔一样，可以随意在图像中绘出各种曲线形状的选区。但由于鼠标很难控制走向，无法画出精确的图形，因此只适用于选择图像的大致范围。

（1）单击"索套工具"，在图像周围按住鼠标左键后拖动，绘制曲线选区，松开鼠标之后，完成选区，如图4-2-1所示。

图 4-2-1

4.2.2 多边形套索工具

多边形套索工具可以创建出由直线段组成的多边形选区，比索套工具更容易控制选区形状。

（1）按"Ctrl+O"组合键打开素材中的"盒子"文件，选择"多边形套索工具"，在其选项栏中单击"新选区"按钮，设置"羽化"值为0px，移动鼠标指针到盒子边缘的一个起点处单击，如图4-2-2所示。

（2）拖动鼠标指针按图4-2-3所示的顺序依次单击左键，最后再回到①处，等鼠标指针旁出现小圆圈后单击鼠标左键，即可创建对该物体的选区。

图 4-2-2

图 4-2-3

提示：

①在用"多边形套索工具"创建选区的过程中双击鼠标左键，Photoshop会自动将单击处与起点处连接起来，形成封闭的选区。

②在用"多边形套索工具"创建选区的过程中，按Backspace键或Delete键，可按原来单击的次序逆序撤销绘制的线段。

4.2.3 磁性套索工具

磁性套索工具能够像磁铁一样自动查找颜色边界，并沿着颜色差异明显的边界绘制选区。所以适用于选择区域的颜色与周围的颜色差异较大的图像，如果颜色相似时，很难绘出精确的选区。

（1）单击"磁性索套工具"，在图像中单击后拖动，绘制的边线会自动控制吸附到对象边缘，如图4-2-4所示。

（2）在图像中单击可创建拐点，单击起点位置或按Enter键，可完成选区的创建。

图 4-2-4

4.3 基于色彩创建选区

快速选择工具和魔棒工具都是基于色彩创建选区。使用这两个工具在图像中单击，即可将图像中同样颜色的区域创建为选区。

4.3.1 快速选择工具

快速选择工具利用可调整的圆形画笔笔尖快速"绘制"选区。拖动圆形画笔时，选区会根据画笔所拖动的区域色彩范围向外扩展并自动查找边缘。

（1）打开儿童素材文件，在工具箱单击"快速选择工具" ，单击"画笔选取器"设置"大小"为 13 像素，如图 4-3-1 所示。

（2）在儿童的身上单击并拖动，选区便自动跟踪边缘，如图 4-3-2 所示。

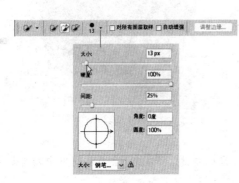

图 4-3-1   图 4-3-2

（3）按住鼠标左键继续在人物的身上拖动，当选择细节时，可以设置更小的画笔大小值。将人物全部选中，如图 4-3-3 所示，按快捷键"Ctrl+C"，复制选区。

（4）打开素材"童话世界"文件，按快捷键"Ctrl+V"，粘贴选区，使用"移动工具" 将儿童移至正确位置，如图 4-3-4 所示。

图 4-3-3   图 4-3-4

4.3.2 魔棒工具

魔棒工具会根据颜色和容差来创建选区。比较适合有简单背景（单色背景）的图片进行去除背景的工作。魔棒工具实际是根据图片中像素之间的差别来选取的，它会将差别不大的像素选入一个选区，所以图片中背景与物体像素的差别越明显，选取得越准确。

（1）打开素材图像，在工具箱中单击"魔棒工具" ，在工具选项栏设置"容差"为40，在图像米色桌布区域单击，与单击位置的像素颜色相似的区域都会被选中，如图4-3-5所示。

（2）再次单击其他未被选中的桌布区域，桌布被全部选中，如图4-3-6所示。

图4-3-5 　　　　　　　　　　　　　　　　图4-3-6

（3）按快捷键"Ctrl+C"，复制选区；按快捷键"Ctrl+N"，新建文件；按快捷键"Ctrl+V"，粘贴选区，如图4-3-7所示。

提示：

容差用于确定所选像素的色彩范围。以像素为单位输入一个值，范围介于0到255之间。如果值较低，则会选择与所单击位置像素非常相似的少数几种颜色。如图4-3-8所示，容差值为0，选中的颜色最精确，容差值越大，选择的颜色越多，选择的颜色范围越广。

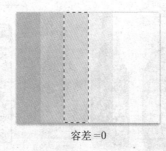
容差=0

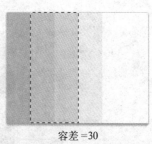
容差=30

图4-3-7 　　　　　　　　　　　　　　　　图4-3-8

使用"选择／扩大选取"命令可使选区在图像上延伸扩大，将色彩相近的像素点，且与已选择选区连接的图像一起扩充到选区内。每次运行此命令的时候，选区都会增大。"扩大选取"命令，将选取包含所有位于魔棒选项中所指定容差范围内的相邻像素。

"选择／选取相似"命令可将整个图像中位于容差范围内的像素扩充到选区内，而不只是相邻的像素。

4.3.3 "色彩范围"命令创建选区

"色彩范围"命令根据现有选区或整个图像内指定的颜色或色彩范围创建选区。它与"魔棒工具"类似,都是选取具有相近颜色的像素。但"色彩范围"命令更加方便灵活,它是以特定的颜色范围来建立选区,并且还可以即时控制颜色的相近程度,可在较复杂的环境中快速达到选取的目的,例如抠取飘扬的头发等。

(1)打开素材图像,执行"选择／色彩范围"命令,打开"色彩范围"对话框。

(2)选择"色彩范围"对话框右侧的"吸管工具",并移动鼠标指针到红色处单击,选择建立选区的基色,拖动"颜色容差"和"范围"下面的滑块,设置所需的容差和范围,如图 4-3-9 所示。在预览图中白色区域是选定的像素,黑色区域是未选定的像素,而灰色区域是部分选定的像素。

(3)单击"确定"按钮,即可将图像中红色创建为选区,如图 4-3-10 所示。

图 4-3-9

图 4-3-10

提示:

"本地化颜色簇"复选框,勾选此复选框,用户将以选择像素为中心向外扩散选区范围。

(4)选择菜单命令"图像／调整／照片滤镜",选择"冷却滤镜",浓度设为100%,观察图像中的颜色变化,如图 4-3-11 所示。单击"确定"按钮,即可将红色饮料瓶改为紫色。

图 4-3-11

提示:

按快捷键"Ctrl+H",可以隐藏选区边缘的虚线,再次执行可显示选区边缘。或者选择菜单命令"视图／显示／选区边缘",切换选区边缘的隐藏或显示效果。

除了直接针对全图进行色彩范围选择以外，也可以事先创建一个选区，然后再使用色彩范围选择选取命令，这样在色彩范围命令的预览图中只会出现所选中的范围，产生的选区也将只限于原先的选区之内。

4.4 调整选区

使用前面介绍的工具或命令创建的选区有时还不能满足制作需要，这时就要求用户对选区进行相应的调整，如移动、变换、羽化等。

4.4.1 全选和反选

选择菜单命令"选择／全部"，可选择画布边界内一个图层上的全部像素。
选择菜单命令"选择／反向"，可选择图像中未选中的部分。

4.4.2 移动选区

移动选区可以将已创建的选区移动，并且不影响图像内的任何内容。移动选区通常有两种方法，一种是使用鼠标移动，另一种是使用键盘移动，下面分别予以介绍。

1.鼠标移动

使用鼠标移动选区时需要注意：只有在选择选框工具、套索工具和魔棒工具时才可移动选区。

（1）按"Ctrl+O"组合键打开素材文件，在工具箱中单击"快速选择工具" ，单击海鸥并拖动，将海鸥用选区选中。

（2）在工具选项栏中单击"新选区"按钮 ，移动鼠标指针到选区内，当鼠标指针变为 形状时，按住鼠标左键并拖动即可移动选区，如图 4-4-1 所示。

2.键盘移动

使用键盘移动选区比使用鼠标移动选区要精确，因为每按一下方向键，选区会向相应的方

图 4-4-1

向移动 1 个像素的距离。创建完选区后，默认状态下每按 1 次方向键即可将选区移动 1 个像素的距离，若按住 Shift 键按方向键，则以每次 10 个像素的距离移动选区。

4.4.3 变换选区

使用变换选区命令可以对选区进行自由变换、缩放、旋转等变换操作。

（1）接着上面的例子继续操作。执行"选择／变换选区"命令，选区的四周出现了如图 4-4-2 所示的控制框。

（2）移动鼠标指针至控制框的外侧，当鼠标指针显示为弧形的双向箭头 时，按住左键以顺时针或逆时针方向拖动鼠标，选区将以调节中心为轴进行旋转，如图 4-4-3 所示。

（3）单击鼠标右键，在弹出的快捷菜单中选择"变形"命令，还可以对选区进行变形，如图

4-4-4所示。

（4）确认所要的选区形状后，在选区内双击鼠标左键或按Enter键都可应用变换，如图4-4-5所示。

图4-4-2

图4-4-3

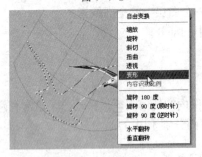

图4-4-4

图4-4-5

4.4.4 修改选区

通过修改选区，可以创建一些特殊的选区，如圆环选区、圆角选区等，

（1）打开素材图像，在工具箱中单击"快速选择工具" ，沿运动员身体拖动，创建选区，如图4-4-6所示。

（2）选择菜单命令"选择／修改／扩展"，在弹出的对话框中设置"宽度"为10像素，单击"确定"按钮，修改后的选区边界如图4-4-7所示。

图4-4-6

图4-4-7

（3）选择菜单命令"选择／修改／边界"，在弹出的对话框中设置"宽度"为10像素，单击"确定"按钮，创建选区边界带，如图4-4-8所示。

（4）选择菜单命令"编辑／填充"，在弹出的对话框中"内容"的"使用"项选择"颜色"，并选择黄色，单击"确定"按钮，边界带填充黄色，如图4-4-9所示。按快捷键"Ctrl+D"，取消选区。

图 4-4-8

图 4-4-9

提示：

"选择／修改"子命令包括5个对当前选区的修改命令："边界"、"平滑"、"扩展"、"收缩"以及"羽化"，各自的功能如下：

"边界"：可选择在现有选区边界的内部和外部指定像素的宽度。当要选择图像区域周围的边界或像素带，而不是该区域本身时，此命令将很有用，例如清除粘贴对象周围白边、创建选区周围的边框。

"平滑"：通过改变取样的半径来改变选区的平滑程度，具体的操作方法与"边界"命令的操作方法相似。

"扩展"：将当前选区按照设定的数值向外扩展，数值越大，扩展的范围越大，取值范围为1～100像素。

"收缩"：此命令与"扩展"命令相反，是将当前选区按照设定的数值向内收缩，数值越大，收缩的范围越大。

"羽化"：此命令与前面几个修改选区的命令有些区别，它可以让选区周围的图像逐渐减淡，创建出模糊的边缘效果。数值越大，模糊的程度也就越大。

原选区与各项选区修改命令的效果对比，如图4-4-10所示。

4.4.5　调整边缘

通常使用选区工具抠图，图像会残留下背景中的杂色，此类现象称为白边。通过选区的辅助工具"调整边缘"命令，可修正选区边缘白边以及边缘平滑化，提高选区边缘的品质。相当于"选择／修改"子命令的综合调节命令，并且比采用"选择／修改"更直观地显示选区结果。

原图	扩展	平滑
扩展	收缩	羽化

图 4-4-10

（1）打开素材文件，使用"快速选择工具" ![icon] 将人物选中，如图 4-4-11 所示。

（2）在工具选项栏中单击"调整边缘"按钮，或者选择菜单命令"选择／调整边缘"，打开"调整边缘"对话框，单击视图图像，在弹出的列表中选择白底；调整半径、平滑、对比度和移动边缘值，如图 4-4-12 所示。

图 4-4-11

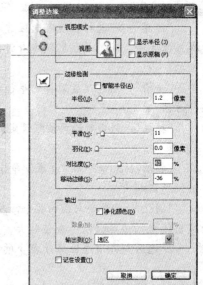

图 4-4-12

（3）在调整过程中观察选择边缘的效果，如图 4-4-13 所示。

（4）"输出到"选择"新建文件"，单击"确定"按钮，创建一个新文档，并将选区拷贝到新文档中，如图 4-4-14 所示。

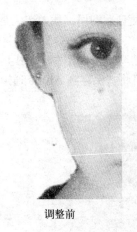

调整前

调整后

图 4-4-13

图 4-4-14

提示：

视图：使用各种方式显示出选择区的范围，以屏蔽选择区外图像对我们操作的影响，便于观察抠出图像与各种背景的混合效果。

调整半径工具 和抹除调整工具 ：用于精确调整发生边缘调整的边界区域，刷过柔化区域（例如头发或毛皮）以向选区中加入精妙的细节。选中这两个工具时，在工具选项栏中会显示半径选项。

智能半径：自动调整边界区域中发现的硬边缘和柔化边缘的半径。

半径：通过调大它的数值，将选区边缘变得更加柔和，特别适合调整具有柔软边缘的角色，比如毛衣、毛茸茸的帽子以及柔软的头发。如果边缘过于生硬，在合成时会显得很假。用这个选项可以很简单地解决这个问题。较小的半径产生锐边，较大的半径产生较柔和的边缘。

平滑：减少选区边界中的不规则区域（"山峰和低谷"）以创建较平滑的轮廓。

羽化：对选区边缘进行模糊处理，它和半径选项是不同的，半径选项是向选区内部渐隐，而羽化选项则向边缘两侧软化。相比来讲，半径选项更不易引起白边或者黑边现象。当选区边线部分显得很生硬，不自然时，适当地提高羽化值可以制作出自然柔和的边线效果。

对比度：和半径选项相反，增大它的数值可以将边缘变得非常硬。如果我们抠取的是边缘十分清晰的主体，可以利用这个选项增加边缘的清晰程度。增加平滑值可以将选区中的细节弱化，去除毛刺或者缝隙，使选择区更加平滑。

移动边缘：将选区变大或者变小，如果你的选区框选得过大，会露出一部分背景，那么将它缩小一点，就可以改善。使用负值向内移动柔化边缘的边框，使用正值向外移动这些边框。

净化颜色：将彩色边替换为附近完全选中的像素的颜色。颜色替换的强度与选区边缘的软化度是成比例的。由于此选项更改了像素颜色，因此它需要输出到新图层或文档。保留原始图层，这样您就可以在需要时恢复到原始状态。

数量：更改净化和彩色边替换的程度。

输出到：决定调整后的选区是变为当前图层上的选区或蒙版，还是生成一个新图层或文档。

4.5　存储和载入选区

创建一个精细的选区往往需要花上很多时间，如果不将其保存，日后一旦再次处理此区域，又要花费一定的时间去创建。存储选区是指将创建的选区保存下来，以方便日后调用；载入选区是指将存储的选区调出来。

（1）创建一个选区后，选择菜单命令"选择／存储选区"，打开"存储选区"对话框，如图4-5-1所示，为选区设置一个名称，也可以不设，单击"确定"按钮，即可将其保存到Alpha通道中，如图4-5-2所示。

图4-5-1

图4-5-2

图4-5-3

（2）选择菜单命令"选择／载入选区"，打开"载入选区"对话框，并在"通道"选项中选择选区名称，如图4-5-3所示。

（3）单击"确定"按钮后，图像中会显示载入的选区，这时就可以对选区进行编辑操作了。

提示：

如果在操作中不小心把建立的选区取消了，执行"选择／重新选择"命令可将最近一次取消的选区恢复，其快捷键是"Ctrl+Shift+D"，熟练使用此命令能为用户的设计带来一些方便。

执行"选择／取消选择"命令可以将当前的选择区域取消，按"Ctrl+D"组合键可快捷地执行此命令。在实际操作过程中经常会使用其快捷键进行操作，而不是选择其命令。

4.6　实例：自然矿泉水宣传页设计

本节实例练习使用多种选择工具，复制、变换、清除、填充选区，结合图像的简单编辑操作，制作自然矿泉水广告招贴。

（1）打开山间溪水素材文件，如图4-6-1所示。单击工具箱中的"矩形选框工具"，创建选区，按快捷键"Ctrl+C"，复制选区。

（2）按快捷键"Ctrl+N"，新建文件；按快捷键"Ctrl+V"，粘贴选区，使用"移动工具"将图像移至左侧，如图4-6-2所示。

（3）打开矿泉水瓶素材文件，在工具箱中单击"魔棒工具"，在工具选项栏设置"容差"为150，在矿泉水图像中间单击，图像全部选中。

图 4-6-1

图 4-6-2

（4）单击标题栏中的"排列文档"按钮 ▾，在列表中单击"双联"按钮，图像会按双联形式排列，单击"矩形选框工具"，移动鼠标指针到选区内，当鼠标指针变为 形状时，按住鼠标左键并拖动至另一个文档绘图窗口中，即可将选区复制到另一个文档中，如图 4-6-3 所示。

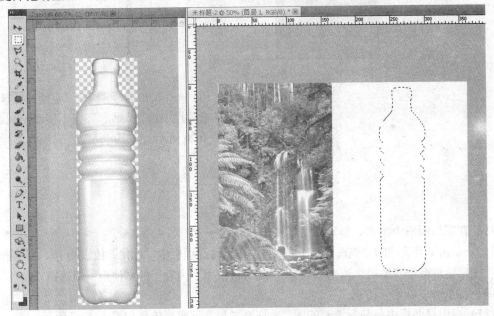

图 4-6-3

（5）选择菜单命令"选择／变换选区"，将选区缩小，并移至瀑布位置，如图 4-6-4 所示。按 Enter 键，完成选区变换操作。

（6）按快捷键"Ctrl+C"，复制选区。按快捷键"Ctrl+V"，粘贴选区，使用"移动工具" ▸ 将图像移至右侧。

图 4-6-4

（7）打开矿泉水商标素材文件，单击"矩形选框工具"[::]，创建选区，按快捷键"Ctrl+C"，复制选区。单击广告文档，按快捷键"Ctrl+V"，粘贴选区。选择菜单命令"编辑／自由变换"，将选区缩小，如图4-6-5所示。按Enter键，完成变换操作。

图 4-6-5

（8）选择菜单命令"编辑／变换／变形"，在工具选项栏中选择"拱形"，向下移动控制点，如图4-6-6所示。按Enter键，完成变形操作。

图 4-6-6

（9）在图层面板中单击"新建图层"按钮，新建一个图层4。

（10）单击工具箱中的"椭圆选框工具"○，在工具选项栏中"羽化"值设为10，创建椭圆的选区，选择菜单命令"编辑／填充"，在弹出的对话框中"内容"的"使用"项选择"颜色"，并选择绿色，单击"确定"按钮。

（11）在图层面板中将最后填充的图层4拖至图层2下面，效果如图4-6-7所示。

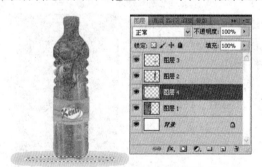

图 4-6-7

（12）最后对图像添加文字等操作，完成广告效果如图4-6-8所示。

图 4-6-8

4.7　小　结

本章主要介绍了选区的创建、调整、保存和载入知识，用户不但要掌握这些选区操作方法，还要了解各选区工具的适用范围，根据图像实际情况选择工具。如果想创建出十分复杂的选区来，还需要对后面各章内容如钢笔、通道、蒙版、滤镜等知识进行更进一步的了解，才能真正掌握更复杂的抠图技术。

4.8　练　习

一、填空题

（1）多边形套索工具可以创建出由直线连接的＿＿＿＿＿＿＿选区。

（2）创建椭圆选区时，按住＿＿＿＿＿＿＿键，以单击处为中心，向外绘制椭圆选区；按住＿＿＿＿＿＿＿键，可以按鼠标拖动方向绘制正圆。同时按住＿＿＿＿＿＿＿键，建立的是从绘制选区中心扩展的圆形选区。

（3）移动选区可以将已创建的选区＿＿＿＿＿＿＿，并且不影响图像内的任何内容。

二、选择题

（1）羽化选区的作用是＿＿＿＿＿＿＿。

A.扩大选区　B.缩小选区

C.使选择区域的边缘变得平滑，产生柔和的效果

D.使选区的边缘变得清晰，产生和背景对比强烈的效果

(2)"取消选区"命令的快捷键是"＿＿＿＿＿＿＿"。

A.Ctrl+C　B.Ctrl+V　C.Ctrl+S　D.Ctrl+D

(3)"存储选区"命令可以存储＿＿＿＿＿＿选区。

A.1次　B.3次　C.12次　D.多次

三、问答题

(1) 创建选区后，图像的哪些区域能够被编辑?

(2) 怎样选择图像中未选中的部分?

四、上机操作

使用一种选择工具选择人物，复制人物并粘贴至新的图像文档中，如图4-8-1所示。

图4-8-1

第5章　绘图与修复

不同的工具有着不同的作用和不同的使用方法，只有正确、合理地使用每一种工具才能发挥出它们各自的特性，编辑出完美的图像。本章介绍 Photoshop 中工具的使用方法，包括绘画工具、图像修饰工具、文本输入工具等。

5.1　如何设置和选取颜色

Photoshop 提供了多种颜色设置工具，包括"拾色器"对话框、"颜色"面板、"色板"面板和"吸管工具"等，它们都能对前景色和背景色进行设置。前景色用来绘画、填充和描边选区，背景色用来生成绘画颜色抖动渐变、渐变填充和在空白区域中填充。

5.1.1　"拾色器"对话框

使用"拾色器"对话框来设置前景色和背景色是最常用的方法。单击工具箱中的"前景色"或"背景色"图标即可调出"拾色器"对话框，如图 5-1-1 (a) 和 (b) 所示。

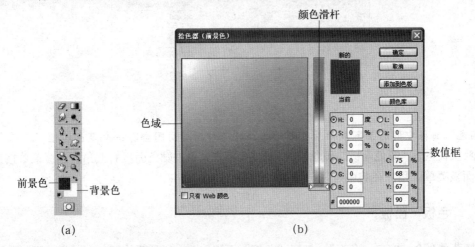

图 5-1-1

提示：
单击"前景色"或"背景色"左下角的 ■ 图标，可以恢复前景色和背景色的颜色到默认状态，即前景色为黑色，背景色为白色；单击右上角的 ↰ 图标，可切换前景色与背景色的颜色。

在"拾色器"对话框左侧的色域中单击鼠标可以选取颜色，拖动中间的颜色滑杆可改变色域中的主色调；用户也可以在右侧的颜色数值框中直接输入数值来设置颜色，之后单击"确定"按钮即可将选中的颜色设置为背景色或前景色。

单击"拾色器"对话框中"颜色库"按钮会弹出"颜色库"对话框，如图 5-1-2 所示。在其中拖动滑块可选择颜色的主色调，单击色域区中的某颜色块并单击"确定"按钮可选择该颜色。

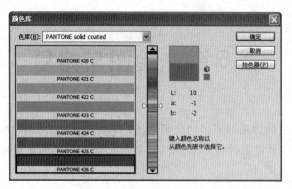

图 5-1-2

5.1.2 "颜色"面板

选择菜单命令"窗口／颜色"，打开"颜色"面板，在颜色面板中用鼠标单击前景色或背景色的图标，之后拖动滑块或直接在数值框中输入颜色值，可以改变当前的前景色或背景色。也可以在下面的颜色条中单击所需要的颜色，前景色图标或背景色图标显示的就是"颜色"面板所设置的颜色，如图5-1-3所示。

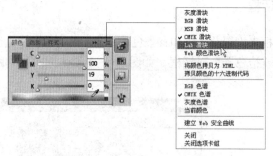

图 5-1-3

提示：

"颜色"面板中的前景色或背景色处于选择状态时，其周围会有一个黑色边框。

在默认状态下，颜色面板的颜色模式为RGB模式，单击颜色面板右上角的面板菜单按钮 ，会弹出面板菜单，用户在其中可以选择所需的颜色模式。

5.1.3 "色板"面板

选择菜单命令"窗口／色板"，打开"色板"面板，单击所需要的颜色，前景色图标显示的就是鼠标单击的颜色。当按住 Ctrl 键时单击色块，此颜色将被设置为背景色。

单击"色板"面板右上角菜单命令按钮 ，弹出菜单，选择一个颜色组合文件，如图5-1-4所示。即可将当前颜色面板替换或载入新的颜色。

5.1.4 "吸管工具"选取颜色

使用"吸管工具"设置前景色或背景色的频率也非常高，它可以任意吸取一幅图片中的颜色，并且吸取的颜色会显示在工具箱的前景色或背景色中。

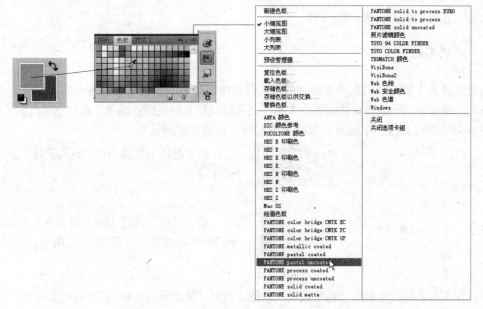

图 5-1-4

（1）打开一幅图像素材，在工具箱中单击"吸管工具" ✐，并在其选项栏中选择"取样大小"为取样点，"样本"为所有图层，如图 5-1-5 所示。

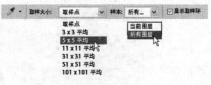

图 5-1-5

"取样点"：吸取单一像素的值。

"3 × 3 平均"：吸取一个 3 像素 × 3 像素区域的平均值。

其他像素区域的平均值选项有 5 × 5 平均、11 × 11 平均、31 × 31 平均、51 × 51 平均、101 × 101 平均。

（2）在图像中需要的颜色位置单击，前景色图标显示的就是鼠标单击的颜色，如图 5-1-6 所示。

（3）按住 Alt 键单击颜色，可将颜色吸取到工具箱中的背景色图标中。

图 5-1-6

5.2　绘 画 工 具

Photoshop 中的绘画工具有很多，本节将重点介绍其中的几个。利用它们不仅可以绘制出简洁的线条，还可以填充大面积的色彩。

5.2.1 画笔工具

画笔工具最主要的功能是用来绘制图像，在图像上绘制的颜色是工具箱中的前景色。画笔工具不仅可以根据画稿的需要调整画笔的大小，还可以选择各种笔刷。画笔工具创建颜色的柔描边。铅笔工具创建硬边直线。下面就利用画笔为漫画人物添加红润效果。

图 5-2-1

（1）选择工具箱中的"画笔工具" ，如图 5-2-1 所示。

RGB：255，181，141

（2）单击工具箱中的"前景色"色块，设置画笔 RGB 颜色，如图 5-2-2 所示。

图 5-2-2

（3）在工具选项栏中单击"画笔预设"数值，打开"画笔预设面板"，在其中选择一个柔边圆笔触，笔的大小设为 48，将光标移至漫画位置，观察笔触的大小是否合适，如图 5-2-3 所示。

图 5-2-3

提示：

硬度：设置画笔边缘的柔化程度，数值越高，画笔边缘越清晰。

（4）在漫画人物脸上单击，绘制柔边效果的圆，如图 5-2-4 所示。

图 5-2-4

（5）减小"不透明度"，在漫画上多次单击，单击并拖动光标，可以绘出边缘柔和的线条，效果如右侧的小朋友，如图 5-2-5 所示。

提示：

用户还可以通过喷枪和流量控制画笔：激活选项栏的"喷枪"按钮 后，使用画笔工具绘画时，如果在绘画过程中将鼠标左键按下后停顿在某处，喷枪中的颜料会源源不断地喷射出来，停顿的时间越长，该位置的颜色越深，所占的面积也越大。流量决定了喷枪绘画时颜色的浓度，当值为100%时直接绘制前景色，该值越小，颜色越淡，但如果在同一位置反复上色则颜色浓度会产生叠加效果。

　　画笔的使用方法有三种：①在图像中单击并拖动以绘画。②要绘制直线，请在图像中单击起点。然后按住Shift键并单击终点。③在将画笔工具用作喷枪时，按住鼠标左键（不拖动）可增大颜色量。

　　在绘画过程中，鼠标比较难以控制走向、下笔力度等，因此，通常使用手绘板结合Photoshop软件，象用笔在纸上画画一样进行创作。

图 5-2-5

　　（6）单击工具栏中前景色色块，设置画笔为白色。

　　（7）选择硬边圆头笔触，缩小画笔尺寸，在人物面脸点击拖动，绘制高光点，如图5-2-6所示。

图 5-2-6

5.2.2　绘制虚线（画笔面板设置）

　　在"画笔"面板中可以对画笔进行更细致的设置，从而设置出更多的画笔形状和效果。

（1）单击工具箱中的"画笔工具"，单击选项栏"画笔面板"按钮（或选择"窗口／画笔"命令，或按F5键，或按右侧"画笔"面板按钮），即可打开"画笔"面板。

（2）选中一个圆头画笔笔尖，单击"画笔笔尖形状"设置项，使用默认设置，在绘图窗口中可绘制出直线；提高"间距"数值，可绘出虚线，如图5-2-7所示。

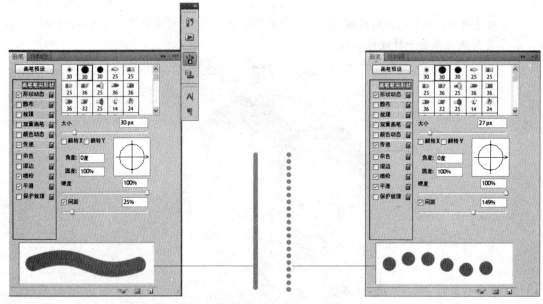

图5-2-7

（3）选择草形状笔尖形状，设置大小和间距，可以画出一排草的效果，如图5-2-8所示。

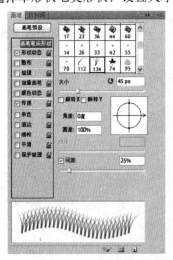

图5-2-8

（4）勾选"散布"设置项，设置散布、数量、数量抖动，可以画出一片草的效果，如图5-2-9所示。

提示：

画笔面板各项设置的主要功能如下：

形状动态：决定描边中画笔笔迹的变化。

图 5-2-9

散布：可确定描边中笔迹的数目和位置。

纹理：纹理画笔利用它指定图案，使描边看起来像是在带纹理的画布上绘制的一样。

双重画笔：组合两个笔尖来创建画笔笔迹。将在主画笔的画笔描边内应用第二个画笔纹理；仅绘制两个画笔描边的交叉区域。在"画笔"面板的"画笔笔尖形状"部分中设置主要笔尖的选项。从"画笔"面板的"双重画笔"部分选择另一个画笔笔尖，然后设置第二个笔尖的选项。

颜色动态：决定描边路线中油彩颜色的变化方式。

传递：设置油彩在描边路线中的改变方式。使画出的线条不是单一的前景色，而可以是从前景色随机渐变为背景色，色相、饱和度、亮度、不透明度等都可以设置变化。

杂色：为个别画笔笔尖增加额外的随机性。当应用于柔画笔笔尖（包含灰度值的画笔笔尖）时，此选项最有效。

湿边：沿画笔描边的边缘增大油彩量，从而创建水彩效果。

喷枪：将渐变色调应用于图像，同时模拟传统的喷枪技术。

平滑：在画笔描边中生成更平滑的曲线。

保护纹理：将相同图案和缩放比例应用于具有纹理的所有画笔预设。选择此选项后，在使用多个纹理画笔笔尖绘画时，可以模拟出一致的画布纹理。

5.2.3　新建画笔预设、存储画笔和载入画笔

如果 Photoshop 中的预设画笔笔触不能满足需求，用户还可以自己定义画笔，以满足不同设计的需要。

（1）打开素材文件，如图 5-2-10 所示。

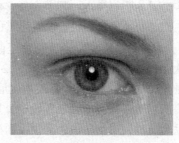

图 5-2-10

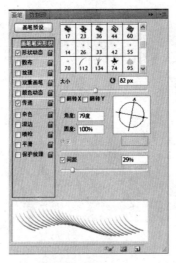

图 5-2-11

图 5-2-12

（2）单击工具栏中前景色色块，设置为黑色。单击"画笔工具" ，单击选项栏"画笔面板"按钮 ，打开"画笔"面板，选中 112 画笔笔尖，单击"画笔笔尖形状"设置项，"大小"设为 82，"角度"设为 79，如图 5-2-11 所示。

（3）在眼尾处单击并拖动，画出眼睫毛。修改角度为 69，在眼睛中间位置绘制，如图 5-2-12 所示。

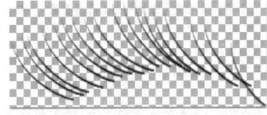

图 5-2-13

（4）单击工具箱中的"矩形选框工具" ，在眼睫毛周围绘制矩形选框，按快捷键"Ctrl+C"，复制选区；按快捷键"Ctrl+N"，创建新文档；按快捷键"Ctrl+V"，粘贴选区，如图 5-2-13 所示。

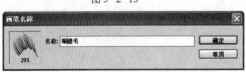

图 5-2-14

（5）选择菜单命令"编辑／定义画笔预设"，打开"画笔名称"对话框，输入名称，如图 5-2-14 所示。单击"确定"按钮。

（6）打开芭芘素材文件，单击"画笔工具" ，在其选项栏中选择刚才定义的"眼睫毛"画笔，单击工具箱中的"前景色"色块，设置为黑色，单击选项栏"画笔面板"按钮 ，打开"画笔"面板，修改"大小"和"角度"，将光标移至芭芘眼睛处观察大小和角度是否合适，满意之后，在眼睛处单击多次，增加眼睫毛浓度，如图 5-2-15 所示。

（7）修改前景色，勾选"翻转"，修改角度后，为右眼绘制彩色眼睫毛，如图 5-2-16 所示。

（8）以上是将新画笔存在当前画笔预设中，用户也可以将当前画笔预设中的所有画笔储存为笔刷文件，以便以后随时调用。单击画笔预设面板中三角形按钮 ，在弹出的列表中选择"存储画笔"，如图 5-2-17 所示。将画笔存储为"眼睫毛.abr"文件。

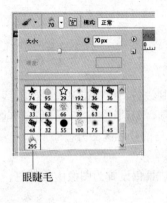

眼睫毛

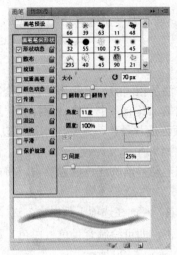

画笔之前

画笔之后

图 5-2-15

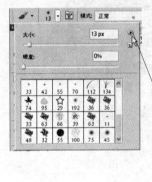

图 5-2-16　　　　　　　　　　　　图 5-2-17

（9）在画笔列表命令下面，包括很多系统自带的画笔，单击画笔名称即可载入。

选择"载入画笔"，可以载入"*.abr"画笔文件，载入几个笔刷文件都可以，在画笔预设中就可以看新载入的笔刷，如图 5-2-18 所示。

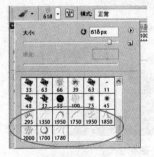

图 5-2-18

（10）选择"复位画笔"就可以回到原来系统默认的笔刷了。

5.2.4 铅笔工具自动涂抹功能

铅笔工具和画笔工具操作的方法是相同的，都是用前景色绘制线条，但是铅笔绘制出的线条边缘要比画笔的更有棱角。并且铅笔工具有一个"自动涂抹"选项，勾选该功能，可以在有前景色的区域画图时，画出来的线条颜色是背景色，这样图案就可以与前景色区分开。

（1）打开素材文件，如图 5-2-19 所示。

（2）单击"前景色"色块，在运动衫前胸红色位置单击，将前景色设置为图像中的红色，背景色为默认的白色。

（3）在工具箱中单击"铅笔工具"，在选项工具栏中勾选"自动涂抹"，选择星形笔头，在运动衫前胸前景色（红色）区域单击，即可绘制背景色（白色）星形，在其他颜色区域单击，即可绘制前景色（红色）的图案，如图 5-2-20 所示。

图 5-2-19

图 5-2-20

5.2.5 混合器画笔工具绘制油彩画

混合器画笔可以模拟真实的绘画技术，就像使用油彩笔在画布上创作。如果用户有绘画技巧，可以直接使用混合器画笔绘画，也可以用混合器画笔将图像修改为油画效果。

（1）打开素材文件，如图 5-2-21 所示。

图 5-2-21

（2）选择工具箱中的"混合器画笔工具"，单击前景色，设置为粉色，即画笔颜色，选择"湿润"画布设置组合，后面自动显示画布的潮湿程度设置值，也可以自定义，如图 5-2-22 所示。

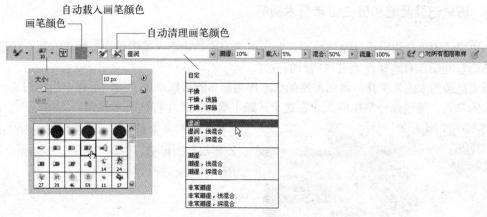

图 5-2-22

提示：

画布的设置决定绘画的效果。

潮湿：控制画笔从画布拾取的油彩量。潮湿值较高，会产生较长的带有画布颜色的绘画条痕。干燥的画布上画出的线条颜色不会与画布上的颜色溶合。

载入：载入值较低时，画笔油彩干燥的速度会更快，开始绘制的区域颜色浓重，后面绘制的颜色浅淡。如果载入值很高，画笔油彩干燥的速度会慢，绘制的所有线条都颜色都会很浓重。

混合：控制画出的线条中画布颜色同画笔颜色之间的比例。混合比例为 100% 时，画出线条的所有颜色都是画布颜色；混合比例为 0% 时，画出线条的颜色都是画笔颜色。（但"潮湿"设置仍然会决定油彩在画布上的混合方式。）

流量：画笔中油彩的数量的多少。

对所有图层取样：拾取所有可见图层中的画布颜色。

（3）在最大的花瓣处，按着图形的走向用画笔涂抹出粉色与白色花瓣混合的油彩效果。

（4）按住 Alt 键，在花蕊中心单击，即可看到在选项栏中画笔颜色更改为花蕊图像，然后继续在花蕊处涂抹。

（5）按住 Alt 键，在草地区域单击，即可看到在选项栏中画笔颜色更改为草地图像，然后继续在草地处涂抹。

（6）用同样方法，抹涂白云，完成后的效果如图 5-2-23 所示。

图 5-2-23

提示：

在画笔涂抹细节时应缩小画笔，按快捷键[缩小笔刷，按]键放大笔刷。

5.2.6 历史记录画笔和历史记录艺术画笔

历史记录画笔，用以通过涂抹绘画，画出图像的原始状态或编辑过程中指定的某一状态。可以对不满意的操作有选择性地进行实时的恢复。

历史记录艺术画笔工具，将图像原始状态作为画布的基底，或者编辑过程中指定的某一状态为画布的基底，通过选择笔刷样式，在这个基底上绘画，产生特殊艺术效果。

(1) 打开素材文件，在图层面板中单击"新建图层"按钮，创建"图层1"，如图5-2-24所示。

图 5-2-24

(2) 在工具箱中单击"历史记录艺术画笔工具"，选择"混合画笔"笔刷，选择虚线圈笔刷，如图5-2-25所示。

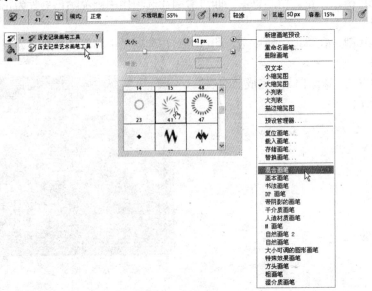

图 5-2-25

（3）"图层 1"中绘画，涂抹经过的区域，就象画笔将背景图像晕染一样。绘画过程中，可修改选项栏中的画笔大小，在"样式"下拉列表框中选择不同的笔触效果，绘制不同风格的图像。

（4）在工具箱中单击"历史记录画笔工具"，涂抹图中的舞者，即画出舞者的原始状态，如图 5-2-26 所示。

图 5-2-26

提示：

历史记录画笔和历史记录艺术画笔，都是使用指定的历史记录状态或快照作为画笔涂抹的图案。选择菜单命令"窗口／历史记录"，在"历史记录"面板中，可以看到当前"设置历史记录画笔的源"标识 在原始图像中，如图 5-2-27 所示。因此当前是以原始图像作为源进行涂抹的。

在历史记录左侧单击，即可更改"历史记录画笔的源"，如图 5-2-28 所示。

历史记录画笔的源——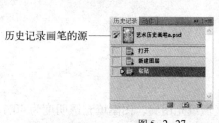

图 5-2-27　　　　　　　　　　图 5-2-28

5.3　填充和描边

5.3.1　填充定义图案

图案是一种图像，当使用这种图像来填充图层或选区时，将会重复（或拼贴）它。Photoshop 附带有多种预设图案。可以创建新图案并将它们存储在库中，以便供不同的工具和命令使用。预设图案显示在油漆桶、图案图章、修复画笔和修补工具选项栏的弹出式面板中，以及"图层样式"对话框中。

图 5-3-1

（1）打开素材文件，如图 5-3-1 所示。

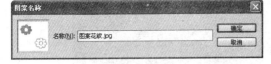

图 5-3-2

（2）选择菜单命令"编辑／定义图案"，打开对话框，如图 5-3-2 所示。

（3）单击"确定"，即可将全部图像定义为预设图案。

提示：

用户也可以选择图像的某个区域定义为预设图案。

（4）打开纸包装素材文件，在图层面板中单击需要填充的图层，如图 5-3-3 所示。

图 5-3-3

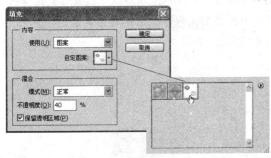

图 5-3-4

（5）选择菜单命令"编辑／填充"，打开对话框，选择"图案"，选择新定义的图案，设置填充的透明度，如图 5-3-4 所示。

（6）单击"确定"按钮，即可为该图层内非透明区域填充图案，图案填充透明度为40%，图案作为包装的底纹效果如图 5-3-5 所示。

图 5-3-5

5.3.2 使用油漆桶工具进行填充

油漆桶工具可以在选区、路径或图层内部填充颜色或图案。

（1）打开素材文件，在工具箱中单击"魔棒工具" ，在选项栏中勾选"对所有图层取样"，在素材人物白色比基尼泳装上单击，选取填充的区域，如图 5-3-6 所示。

图 5-3-6

（2）在图层面板中单击"新建图层" ，创建一个新图层。

（3）在工具箱中单击"油漆桶工具" ，在选项栏中选择填充类型为"前景"，在工具箱单击"前景色"色块并选择橘黄色，在选择区域中单击，选择区域被填充了前景色，如图 5-3-7 所示。

图 5-3-7

（4）按快捷键"Ctrl+D"，取消选区。

（5）在选项栏中选择填充类型为"图案"，选择上一节新定义的图案，在橘色泳装上单击，即可在橘色区域填充图案，如图 5-3-8 所示。

提示：

单击图案预设面板中三角形按钮 ，在弹出的列表中选择"存储画笔"，可以存储图案。

油漆桶工具除了可以给选择的区域填充颜色和图案，还可以填充与单击位置像素相似的相邻像素的区域。选项栏中的"容差"值，就是用于定义颜色相似度的（相对于所单击的像素），一个像素必须达到此颜色相似度才会被填充。值的范围可以从 0 到 255。低容差会填充颜色值范围内与所单击像素非常相似的像素。高容差则填充更大范围内的像素。

图 5-3-8

5.3.3 填充内容识别修补破损照片

"内容识别"使用附近的相似图像内容不留痕迹地填充选区。为获得最佳结果，应使选区略微扩展到要复制的区域之中，才能达到快速无缝的拼接效果。

（1）打开素材文件，选择菜单命令"选择／色彩范围"，在图像破损的白色区域单击，如图 5-3-9 所示，单击"确定"按钮后，即可选中图像中全部的白色区域。

图 5-3-9

图 5-3-10

（2）选择菜单命令"选择／修改／扩展"，打开对话框，设置选区扩展量为 2 像素，如图 5-3-10 所示。

（3）选择菜单命令"编辑／填充"，打开"填充"对话框，从"使用"菜单中，选择"内容识别"，单击"确定"按钮，从选区四周找到相似的景象，把它们填充到选区内部并融合起来，如图 5-3-11 所示。

提示：

由于填充像素是随机的，也可能会产生不自然的边缘，可结合修复工具对其进行修饰。

图 5-3-11

5.3.4 渐变工具

"渐变工具"主要用于在图像文件中创建各种各样的渐变颜色。包括"线性渐变"、"径向渐变"、"角度渐变"、"对称渐变"和"菱形渐变"5 种渐变方式。其使用方法举例说明如下：

（1）按"Ctrl+N"组合键打开"新建"对话框，新建一个"宽度"为 500 像素，"高度"为 350 像素，"分辨率"为 72 像素／英寸，"颜色模式"为 RGB 颜色，"背景内容"为白色的文件。

（2）选择工具箱中的"矩形选框工具"，并在其选项中设置"羽化"为 0px。

（3）移动鼠标指针到图像窗口内按住鼠标左键并拖动，创建一个矩形选区。

（4）选择工具箱中的"渐变工具"，如图 5-3-12 所示。

图 5-3-12

（5）首先单击"渐变工具"选项栏中的"线性渐变"按钮，然后再单击"编辑渐变"色条，如图 5-3-13 所示。

　　"编辑渐变"色条　　"线性渐变"按钮

图 5-3-13

（6）在弹出的"渐变编辑器"对话框中单击渐变色带下方左侧的色标，之后再单击"颜色"后面的色块，如图 5-3-14 所示。

图 5-3-14

图 5-3-15

（7）在随即弹出的"选择色标颜色"对话框中设置一种红色（R：142，G：6，B：44）。

（8）单击"确定"按钮。之后将鼠标指针移动到渐变色带下方中间的位置单击，添加一个颜色色标，如图 5-3-15 所示。

提示：

在"位置"后面的文本框中输入数值，可准确定位色标的位置。

（9）确保刚添加的颜色色标为选中的状态。单击"颜色"后面的色块，在随即弹出的"选择色标颜色"对话框中设置一种粉红色（R：247，G：155，B：170）。

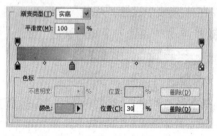

图 5-3-16

（10）单击"确定"按钮，完成渐变颜色的编辑，此时渐变色带如图 5-3-16 所示。

（11）移动鼠标指针到矩形选区内，在选区内中下部单击鼠标左键，向上拖动光标，在上部松开鼠标后，从下到上拉出渐变，如图 5-3-17 所示。

（12）按"Ctrl+D"组合键取消选区，加入其他元素后就组成了一幅作品，如图 5-3-18 所示。

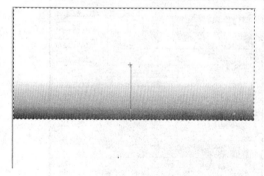

图 5-3-17

图 5-3-18

5.3.5　描边

使用"描边"命令可在选区、路径或图层周围绘制彩色边框。

（1）打开杂志封面素材文件，按快捷键"Ctrl+A"，选择全部图像，如图 5-3-19 所示。

图 5-3-19

（2）在图层面板中单击"新建图层"按钮，创建一个新图层，如图 5-3-20 所示。

图 5-3-20

（3）选择菜单命令"编辑／描边"，打开对话框，指定硬边边框的"宽度"值为 20，单击颜色块，设置描边颜色为黄色，指定在选区边界的"内部"放置边框，如图 5-3-21 所示。

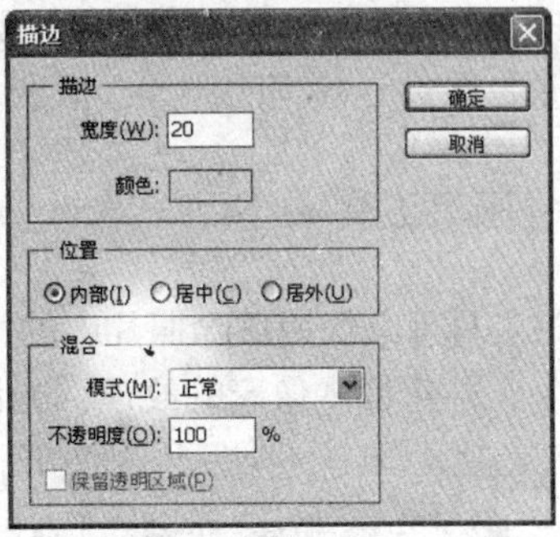

图 5-3-21

（4）单击"确定"按钮，在新图层为杂志封面创建边框效果，如图 5-3-22 所示。按快捷键"Ctrl+D"，取消选区。

提示：

选择"保留透明区域"选项，只在有图像的区域画出边框，透明区域无边框，会创建不连续的边框。

图 5-3-22

（5）在工具箱单击"矩形选框工具"[ ]，绘制一个矩形选区，在选项栏中单击"添加选区"按钮 ，在前一选区重叠位置再绘制一个选区，创建一个相交选区。

（6）选择菜单命令"编辑／描边"，设置描边"宽度"值为5，单击"确定"按钮，描边效果如图 5-3-23 所示。

图 5-3-23

5.4 修 饰 工 具

修饰工具是 Photoshop 处理图像的一个重要组成部分，可以为图像弥补一些缺陷和润色等，从而提高图像的质量，在修复破损的照片、旧照片时也非常有用。

5.4.1 污点修复画笔工具

污点修复画笔工具可以快速移除照片中的污点和其他不理想的部分。它使用图像或图案中的样本像素进行修复，并将样本像素的纹理、光照、透明度和阴影与所修复的像素相匹配。

（1）按"Ctrl+O"组合键打开素材文件，此照片中人物的鼻子上有一颗小痣，如图 5-4-1 所示，下面要用"污点修复画笔工具"将小痣去掉。

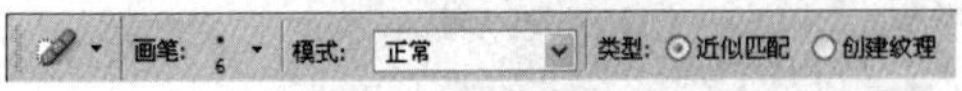

图 5-4-1

图 5-4-2

（2）选择工具箱中的"污点修复画笔工具"，在其选项栏中设置"画笔大小"为6像素，并选择"近似匹配"类型，如图 5-4-2 所示。也可以将光标移至小痣位置，按[键可缩小笔头、按]键，可放大笔头，将笔头尺寸调整至略大于痣。

（3）移动鼠标指针到需要修复的污点上单击，或单击并拖动，如图 5-4-3 所示。

（4）此时污点修复画笔自动从所修饰区域的周围取样，使修复区域与周围的皮肤相似，修复后的图像效果如图 5-4-4 所示。

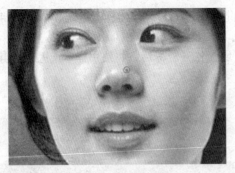

图 5-4-3   图 5-4-4

5.4.2　修补工具

通过使用修补工具，可以用其他区域或图案中的像素来修复选中的区域。像修复画笔工具一样，修补工具会将样本像素的纹理、光照和阴影与源像素进行匹配。修补工具适用于图像比较杂乱、光线有差异的大面积修改。

（1）打开素材文件，在工具箱中选择"修补工具"，在图像中点击并拖动光标，创建要修补的区域，在选项栏中选择"源"，即设置当前选区为修复区域，如图 5-4-5 所示。

（2）将指针定移在选区内，单击并将选区边框拖动到想要从中进行取样的区域，这时需要修复的区域内就会显示出取样区域里的图像，如图 5-4-6 所示。

图 5-4-5   图 5-4-6

（3）松开鼠标按钮后，原来选中的区域被填充了样本区域的图像，按取消选区快捷键"Ctrl+D"，如图 5-4-7 所示。

图 5-4-7

由于在修补过程中，进行了纹理、光照和阴影的自动调整，因此比单纯的复制粘贴图像效果更自然。

（4）绘制新的选区，在选项栏中选择"目标"，此时新建的选区作为样本选区，如图 5-4-8 所示。

（5）在样本选区内单击并拖动至左侧要修补的区域，松开鼠标后，将使用样本选区修补其他区域，如图 5-4-9 所示。

图 5-4-8　　　　　　　　　　　　　　图 5-4-9

提示：

要从取样区域中抽出具有透明背景的纹理，请选择"透明"。如果要将目标区域全部替换为取样区域，请取消选择此选项。

"透明"选项适用于具有清晰分明的纹理的纯色背景或渐变背景（如一只小鸟在蓝天中翱翔）。

5.5　擦 除 图 像

5.5.1　橡皮擦工具

橡皮擦工具可将涂抹区域更改为背景色或透明。如果您正在背景中或已锁定透明度的图层中工作，像素将更改为背景色；否则，像素将被抹成透明。

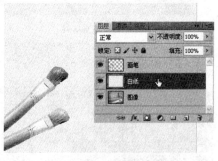

（1）打开素材文件，当前文件由三个图层组成，在图层面板中单击白纸图层，如图 5-5-1 所示。

图 5-5-1

（2）在工具箱中单击"像皮擦工具" ，调低透明度，调整橡皮擦的大小，选择橡皮擦开关，然后在图像中涂抹，所涂抹的区域会被擦出为透明效果，透明出下一图层中的图像，如图 5-5-2 所示。

提示：

不透明度用于设置擦除的强度，值越大擦除的强度越强。

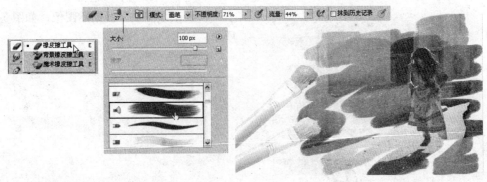

图 5-5-2

5.5.2 魔术橡皮擦工具

用魔术橡皮擦工具在图层中单击时，该工具会将所有相似的像素更改为透明。如果在已锁定透明度的图层中工作，这些像素将更改为背景色。如果在背景中单击，则将背景转换为图层并将所有相似的像素更改为透明。

（1）打开素材文件，在工具箱中选择"魔术橡皮擦工具"，在选项栏中设置"容差"值，如图 5-5-3 所示。容差用于确定擦除图像的颜色范围，数值越小，擦除的范围就越小。

图 5-5-3

（2）在需要清除的心形内部单击一下，即可删除与该点颜色相近的所有区域，再单击另一个心形内部，删除该心形内部的像素，如图 5-5-4 所示。

图 5-5-4

提示：

勾选"连续"选项，只擦除单击区域像素相邻的像素颜色；不勾选此项，将擦除图层中所有类似的颜色。

图 5-5-5

（3）在该图层下面粘贴图像，如图 5-5-5所示。

5.6 其他编辑工具

5.6.1 模糊工具

清晰且对比强烈的图片，可以突出重点产品，吸引客户的注意力。

图 5-6-1

（1）打开素材文件，如图 5-6-1所示，图片中是很多玻璃珠，通常体积和颜色的对比，使最大的最深色的蓝玻璃珠最显眼，为了让这颗玻璃珠更显突出，需要将周围的图像模糊处理，产生焦距的效果。

（2）在工具箱中选择"模糊工具"，在选项栏中选择笔刷并设置大小，在蓝色玻璃球周围涂抹，效果如图 5-6-2所示。

图 5-6-2

5.6.2 涂抹工具

"涂抹工具"能绘制出用手指在未干的颜料上涂抹的效果，常用于模拟毛发效果，制作羽毛边缘、长绒地毯、毛绒玩具等。

（1）打开素材文件，如图 5-6-3 所示。

（2）选择工具箱中的"涂抹工具"，在图像窗口内单击鼠标右键，打开画笔预设选取器，并选择合适的笔头大小。

（3）在选项栏中不勾选"手指绘画"复选框，移动鼠标指针到马的脖子和头顶处，按住鼠标左键重复拖放，便可制作出马的鬃毛，效果如图 5-6-4 所示。

图 5-6-3　　　　　　　　　　　　　　　　　图 5-6-4

提示：

"手指绘画"：勾选该复选框，相当于用手指蘸着前景色在图像中进行涂抹；不勾选该复选框，将只是以拖动图像处的色彩进行涂抹。

5.6.3　加深工具

加深工具可以改变图像特定区域的曝光度，使图像变暗。

（1）按"Ctrl+O"组合键打开素材中的"沙发"文件，如图 5-6-5 所示。

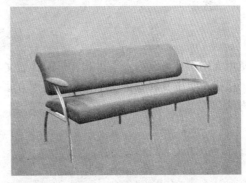

图 5-6-5

（2）选择工具箱中的"加深工具"，如图 5-6-6 所示。

图 5-6-6

（3）在"加深工具"的选项栏中设置画笔为"柔角 100 像素"，范围为"中间调"，曝光度为"50%"，不勾选"保护色调"复选框，如图 5-6-7 所示。

图 5-6-7

"喷枪"按钮：默认状态下，单击此按钮可启用喷枪功能。

"保护色调"：勾选此复选框，可以防止颜色发生色相偏移，从而保护图像的色调。

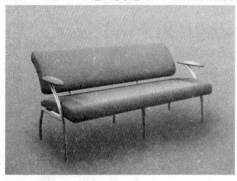

（4）移动鼠标指针到沙发下面的阴影部位进行涂抹即可绘制出沙发的阴影效果，如图5-6-8所示。

图 5-6-8

5.7 文 字 工 具

Photoshop的文字工具分为两种，一种是文字工具，一种是文字蒙版工具，它们分别用来创建文字和建立文字选区。本节介绍文字的输入以及对文本的编辑。

5.7.1 输入文字

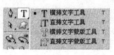

图 5-7-1

在Photoshop中，利用文字工具不仅可以输入横排或直排文字，还可以输入横排或直排文字选区。右键单击工具箱中的文字工具，将弹出文字工具组，如图5-7-1所示。其中上面两个为文字工具，下面两个为文字蒙版工具。

使用文字工具可以输入横排和直排的普通文字，并且在输入文本的同时会自动新建一个文本图层。横排文字工具和直排文字工具的使用方法一样，下面以横排文字工具为例介绍文字工具的输入方法。

图 5-7-2

（1）按"Ctrl+N"组合键新建一个文件，之后选择工具箱中的"横排文字工具"，如图5-7-2所示。

（2）在选项栏中设置"字体"为"方正流行体简体"，"字体大小"为"18点"，"文本颜色"为黑色，其他设置如图5-7-3所示。

图 5-7-3

（3）移动鼠标指针到页面上单击，等光标呈输入状态时输入文字，如图5-7-4所示。

我巴黎简单的幸福、简单的快乐。

图 5-7-4

（4）输入文字后，在选项栏上单击"提交"按钮 ✓，即可完成文本的输入，如图5-7-5所示。

图 5-7-5

提示：

若单击选项栏上的"取消"按钮 ⃠ ，将取消当前的输入。

（5）此时在图层调板中自动创建了一个文本图层，如图 5-7-6 所示。

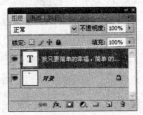

图 5-7-6

5.7.2　文字蒙版工具创建文字选区

文字蒙版工具可创建出文本的选区，可抠取文字选区内的图像制作出图像文字效果，在标题设计中经常使用，如图 5-7-7 所示。和文字工具一样，文字蒙版工具可创建横排和直排的文字选区。所不同的是，使用文字蒙版工具创建文字选区后，在图层面板上不会出现新的文本图层。

图 5-7-7

（1）单击工具箱中的"横排文字蒙版工具"，在选项栏中设置"字体"为"汉仪琥珀体简"，"字体大小"为"48 点"，移动鼠标指针到页面上单击，等光标变为输入状态时输入文字，如图 5-7-8 所示。

图 5-7-8

（2）确认输入的文字正确无误后，在选项栏上单击"提交"按钮 ✔ 即可创建出文本的选区，如图 5-7-9 所示。

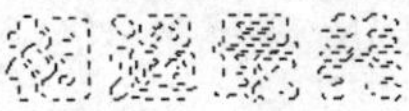

直排文字蒙版工具和横排文字蒙版工具的用法相同，在此不再赘述。

图 5-7-9

提示：

使用蒙版文字工具输入文字后，不能对文字的字号、间距、行距等进行修改，所以在编辑蒙版文字前，一定要把文字所需的参数设置好。

5.7.3 输入段落文本

段落文本适合输入较多的文字，它能在输入过程中自动换行，并且还可以通过控制点来调整文本框的大小。段落文本的输入方法和普通文字的输入方法相似。

（1）选择工具箱中的"横排文字工具"（或"直排文字工具"），在选项栏中设置"字体"为"经典特宋简"，"字体大小"为"16点"，"文本颜色"为黑色，移动鼠标指针到页面中，按住鼠标左键并拖动，绘制出一个文本框，如图5-7-10所示。

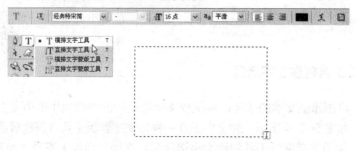

图 5-7-10

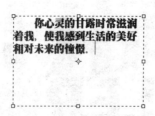

图 5-7-11

（2）此时在文本框中出现一个闪烁的光标，输入文字即可完成段落文本的输入，如图5-7-11所示。

（3）选择菜单命令"窗口／字符"，打开"字符"面板，如图5-7-12所示，用于设置所选字符格式的选项。选项栏中只是提供了部分格式设置选项。单击面板右上角的三角形，在弹出的"字符"面板菜单中访问其他命令和选项。

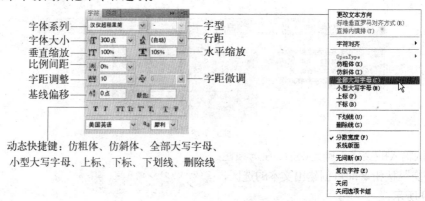

图 5-7-12

（4）选择菜单命令"窗口／段落"，打开"段落"面板，如图5-7-13所示，为文字图层中的单个段落、多个段落或全部段落设置格式选项。单击面板右上角的三角形，在弹出的"段落"面板菜单中访问其他命令和选项。

图 5-7-13

5.8　实例：水晶按钮

水晶按钮和图标在网页和界面设计中比较常见，本节就综合运用用前面各章所学的知识设计水晶效果的杂志标识，重点是渐变的应用。

（1）按快捷键"Ctrl+N"，新建文档，宽度和高度均为 100 像素。

（2）选择工具箱中的"渐变工具"▇，单击选项栏中的"线性渐变"按钮▇，再单击"编辑渐变"色条，在对话框中选择"黑、白渐变"预设，双击渐变色带下方左侧的色标▇，设置深蓝色，RGB：36，137，176；双击渐变色带下方右侧的色标▇，设置浅蓝色，RGB：112，212，243，如图 5-8-1 所示。

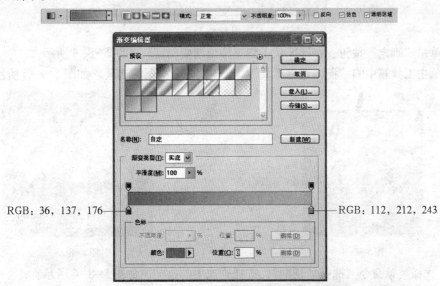

图 5-8-1

（3）单击"确定"按钮，在图像中上部单击鼠标左键，向下拖动光标，在下部松开鼠标后，即可从上到下拉出渐变图案，如图 5-8-2 所示。

图 5-8-2

（4）在图层面板中单击"新建图层"按钮 ，创建"图层1"。

（5）工具箱中单击前景色色块，并设置为白色。

（6）选择工具箱中的"矩形选框工具" ，在图像上半部分创建选区。

（7）选择工具箱中的"渐变工具" ，单击选项栏中的"线性渐变"按钮 ，再单击"编辑渐变"色条，在对话框中选择"前景色到透明渐变"预设，如图5-8-3所示。

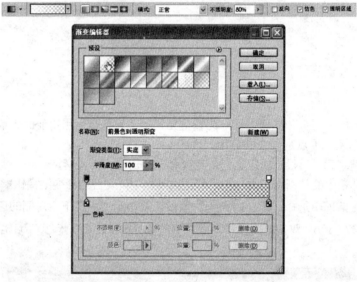

图5-8-3

（8）单击"确定"按钮。在选区从上到下拉出渐变图案，如图5-8-4所示。

（9）单击工具箱中的"椭圆选框工具" ，创建一个椭圆的选区，如图5-8-5所示。

图5-8-4

图5-8-5

（10）选择菜单命令"选择／反向"，选择未选中的选区，如图5-8-6所示。

（11）按Delete键，删除选区内像素，如图5-8-7所示。

图5-8-6

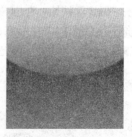

图5-8-7

（12）在图层面板中单击"新建图层"按钮，创建"图层 2"。

（13）工具箱中单击"圆角矩形工具"，在选项栏中"半径"设置为 20px，单击"填充像素"按钮，在图像中单击并拖动创建圆角矩形，如图 5-8-8 所示。

填充像素

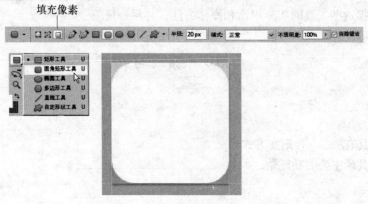

图 5-8-8

（14）在工具箱中单击"魔棒工具"，在圆角矩形区域单击，选择菜单命令"选择／反向"，选择未选中的选区，如图 5-8-9 所示。

（15）在图层面板中，单击白色渐变所在的图层 1，按 Delete 键，删除选区内像素；单击背景图层，按 Delete 键，删除选区内像素；按"Ctrl+D"组合键，取消选区；单击"图层 2"，单击面板下面的"删除图层"按钮，效果如图 5-8-10 所示。

图 5-8-9

图 5-8-10

（16）在工具箱中单击"横排文字工具"，在选项栏中设置字体和文字的大小，在图像中单击，输入文字，在选项栏中单击"提交当前所有编辑"按钮，如图 5-8-11 所示。

字体　　　　　　大小

图 5-8-11

（17）选择菜单命令"文件／存储"，保存为 ISL.png 文件。

5.9 小 结

本章主要讲解了 Photoshop CS5 工具箱中部分工具的使用方法，通过对这些工具的介绍，希望用户能尽快掌握这些工具的实际用途和操作方法，并举一反三。

5.10 练 习

一、填空题

(1) 渐变工具有_____种渐变方式。

(2) 画笔工具最主要的功能是_____。

二、选择题

(1) _____ 是颜色设置工具。

　　A."颜色"面板　　B."色板"面板　　C."拾色器"对话框　　D.图层面板

(2) 污点修复画笔工具可以修复图像的_____。

　　A.纹理　　B.污点　　C.红眼　　D.色彩饱和度

三、上机操作

为手绘图上色，如图 5-10-1 所示。

图 5-10-1

第6章 色彩调整

构图、层次及色彩是平面作品的3个重要内容，掌握在Photoshop中如何调整色彩自然很重要。本章将重点介绍色彩的基础知识、色彩的设置以及色彩调整命令的使用等内容，以帮助用户在Photoshop中熟练运用色彩。

6.1 色彩基础知识

色彩基础知识包括色彩3要素、色彩属性、色彩类型等，本节主要介绍一些Photoshop中涉及的色彩概念，以及色彩模式等3个知识点。

6.1.1 关于色彩的一些基本概念

要调整色彩，首先必须理解色彩，要理解色彩，就必须理解色彩的描述。Photoshop用色相、亮度、饱和度以及对比度和色调来描述色彩，现将这几个概念介绍如下：

色相：指色彩的相貌，也就是色彩的基本特征，图6-1-1是色彩的色相变化关系。

图6-1-1 色彩的色相变化

亮度：指色彩明暗、浓淡的程度，如一个黄色的梨子比一个深红的苹果要亮一些，所谓亮就是色彩对比的结果，图6-1-2是色彩的亮度变化关系。

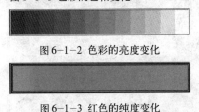

图6-1-2 色彩的亮度变化

图6-1-3 红色的纯度变化

饱和度：又叫纯度，指色彩的饱和程度。纯净鲜艳的颜色饱和度最高，灰色饱和度最低，图6-1-3是一个红色的纯度变化关系。

对比度：指不同颜色之间的差异程度。两种颜色之间的差异越大，对比度就越大，如红对绿、黄对紫、蓝对橙是3组对比度较大的颜色。没有美术基础的读者可能有些不太理解，但可以牢记黑色和白色是对比度最大的颜色。冷色和暖色放在一起，对比度都比较大。

色调：色调是一幅画的总体色彩取向，是上升到一种艺术高度的色彩概括。经常听到有人这么说，他们家装修得很温馨，他们的结婚照特浪漫等，都是对色彩的一种概括——即色调。

6.1.2 色彩模式

Photoshop中的色彩模式决定了用于显示和打印图像的颜色模型。色彩模式不同，色彩范围也就不同，色彩模式还影响图像的默认颜色通道的数量和图像文件的大小。

1.RGB 模式

RGB 模式也称为加色模式。RGB 的含义为：R（红色）、G（绿色）、B（蓝色）。可通过红、绿、蓝 3 种颜色的混合，生成所需颜色。

Photoshop 的 RGB 颜色模式使用 RGB 模型，为彩色图像中每个像素的 RGB 分量指定一个介于 0～255 之间的强度值。例如，亮红色可能 R 值为 246，G 值为 20，而 B 值为 50。当所有这 3 个分量的值相等时，结果是中性灰色。当所有分量的值均为 255 时，结果是纯白色；当所有分量的值为 0 时，结果是纯黑色。

RGB 图像通过 3 种颜色或通道，可以在屏幕上重新生成多达 1670 万种颜色；这 3 个通道转换为每像素 24（8 × 3）位的颜色信息（在 16 位／通道的图像中，这些通道转换为每像素 48 位的颜色信息，具有再现更多颜色的能力）。新建的 Photoshop 图像的默认模式为 RGB，计算机显示器使用 RGB 模式显示颜色。这意味着使用非 RGB 颜色模式（如 CMYK）时，Photoshop 将使用 RGB 模式显示屏幕上的颜色。图 6-1-4 所示就是一幅 RGB 颜色模式的图像。

2.CMYK 模式

CMYK 模式也被称为减色模式。CMYK 的含义为：C（青色）、M（洋红）、Y（黄色）、K（黑色）。这 4 种颜色都以百分比的形式进行描述，每一种颜色百分比范围均为 0%～100%，百分比越高，颜色越深。

CMYK 模式是大多数打印机用作打印全色或者 4 色文档的一种方法，Photoshop 及其他应用程序将 4 色分解成模板，每种模板对应一种颜色。打印机然后按比率一层叠一层地打印全部色彩，最终得到想要的色彩。图 6-1-5 所示即是一幅 CMYK 模式的图像。

此处显示了图像的颜色模式

图 6-1-4

图 6-1-5

3.Lab 模式

Lab 模式的原型是由 CIE 协会在 1931 年制定的一个衡量颜色的标准，在 1976 年被重新定义并命名为 CIELab。Lab 颜色与设备无关，无论使用何种设备（如显示器、打印机、计算机或扫描仪）创建或输出图像，这种模型都能生成一致的颜色。

Lab 模式是以一个亮度分量 L 及两个颜色分量 a 与 b 来表示颜色的。其中 L 的取值范围为 0～100，a 分量代表由绿色到红色的光谱变化，b 分量代表由蓝色到黄色的光谱变化，a 和 b 的取值范围为 -120～120。

提示：

Lab模式所包含的颜色范围最广，能够包含所有的RGB和CMYK模式中的颜色。CMYK模式所包含的颜色最少，有些在屏幕上能看到的颜色在印刷品上是实现不了的。

4. 多通道模式

多通道模式包含多种灰阶通道，每一通道均由256级灰阶组成。这种模式对有特殊打印需求的图像非常有用。当RGB或CMYK色彩模式的文件中任何一个通道被删除时，即会变成多通道色彩模式。另外，在此模式中的彩色图像由多种专色复合而成，大多数设备不支持多通道模式的图像，但存为Photoshop DCS 2.0格式后就可以输出。

5. 位图模式

位图模式只包含两种颜色，所以其图像也称作黑白图像。由于位图模式只由黑、白两色表示图像的像素，在进行图像模式的转换时会失去大量的细节，因此Photoshop提供了几种算法来模拟图像中丢失的细节。

在宽、高和分辨率相同的情况下，位图模式的图像尺寸最小，约为灰度模式的1/7和RGB模式的1/22（或以下）。要将图像转换为位图模式，必须先将图像转换成灰度模式，然后才能转换为位图模式。

6. 灰度模式

灰度模式可以使用多达256级的灰度来表示图像，使图像的灰阶过渡更趋平滑细腻。图像的每个像素有一个0（黑色）到255（白色）之间的亮度值。灰度值也可以用黑色油墨覆盖的百分比来表示（0%等于白色，100%等于黑色）。

7. 双色调模式

双色调模式是使用2~4种彩色油墨创建的双色调（2种颜色）、3色调（3种颜色）和4色调（4种颜色）灰度图像。

　　提示：

　　要将图像转换成双色调模式，需要先将图像转换成灰度模式，再选择"图像／模式／双色调"命令。

8. 索引颜色模式

索引颜色模式是网上和动画中常用的色彩模式，该模式最多使用256种颜色。当其他模式图像转换为索引颜色图像时，Photoshop将构建一个颜色查找表（CLUT），用以存放并索引图像中的颜色。如果原图像中的某种颜色没有出现在该表中，程序将选取与现有颜色中最接近的颜色来模拟该种颜色。

6.1.3 色彩模式间的转换

不同色彩模式具有不同色域及表现特点，因此在实际工作中，用户常常要根据需要改变色彩模式。默认状态下，Photoshop的色彩模式为RGB模式，如果用户要将其转换为其他色彩模式，可选择"图像／模式"命令，从弹出的子菜单中选择相应的命令即可，如图6-1-6所示。

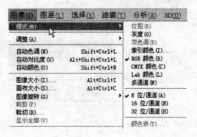

图6-1-6

提示：

在菜单中以灰色显示的色彩模式命令，表示当前图像不可使用此模式。

6.2　查看图像的色彩

学会查看图像的色彩在 Photoshop 中也显得很重要，因为它直接影响到对色彩的调整。如果判断不出一幅图像哪里的色彩有问题，就很难调出高质量的色彩，甚至会影响到作品的美感。

6.2.1　如何观察直方图

直方图使用图形表示图像的每个亮度级别的像素数量，展示像素在图像中的分布情况。直方图中不同的部分表示图像中的阴影、中间调和高光，因此调整直方图中的不同部分就可调整图像的曝光度，用于将图像色调调整至最理想状态。

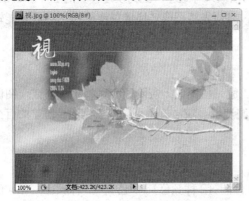

图 6-2-1

任意打开一幅图像，此例是素材中的"视"文件，如图 6-2-1 所示。

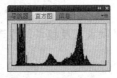

图 6-2-2

选择"窗口／直方图"命令或单击"直方图"选项卡，即可打开"直方图"面板，如图 6-2-2 所示。

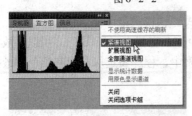

图 6-2-3

默认状态下，"直方图"面板以"紧凑视图"形式打开，并且没有控件或统计数据。选择"直方图"面板菜单中的"紧凑视图"、"扩展视图"或"全部通道视图"命令可调整直方图面板的视图，如图 6-2-3 所示。

图 6-2-4

"紧凑视图"：显示不带控件或统计数据的直方图，如图 6-2-4 所示。

"扩展视图"：显示带有统计数据和控件的直方图，以便选取由直方图表示的通道、查看"直方图"面板中的选项、刷新直方图以显示未高速缓存的数据，以及在多图层文档中选取特定图层，如图 6-2-5 所示。

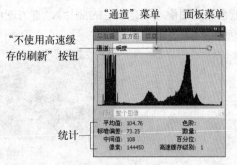

图 6-2-5

"全部通道视图"：除了"扩展视图"的所有选项外，还显示各个通道的单个直方图。此时显示的单个直方图中不包括 Alpha 通道、专色通道或蒙版，如图 6-2-6 所示。

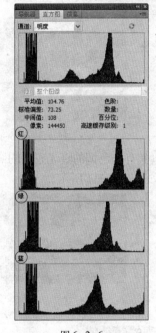

图 6-2-6

在"直方图"面板中，还可以查看直方图中的特定通道。方法是在"通道"下拉列表中选择特定的通道，如图 6-2-7 所示。

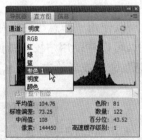

图 6-2-7

选取单个通道可显示文档的单个通道（包括颜色通道、Alpha 通道和专色通道）的直方图。

在直方图中其左边区域代表图像的"阴影"部分，中间区域代表图像的"中间色调"部分，右边区域代表图像的"高光"部分，如图 6-2-8 所示。

图 6-2-8

低色调的图像（曝光不足的照片），直方图中的谷峰一般集中在"阴影"处（直方图的左边部分），如图 6-2-9 所示。

图 6-2-9

高色调的图像（曝光过度的照片），直方图中的谷峰一般集中在"高光"处（直方图的右边部分），如图 6-2-10 所示。

图 6-2-10

平均色调的图像（具有全色调的曝光正常的照片），直方图中的谷峰在整个直方图中都有显示（跨越整个直方图），如图 6-2-11 所示。

图 6-2-11

6.2.2　如何查看像素的颜色值

进行色彩校正时，可以使用"信息"面板和"颜色"面板查看像素的颜色值。在进行色彩调整时，此查看非常有用，可以帮助用户校正图像中的色痕，或者提示颜色是否饱和等。

选择"窗口／信息"命令或者单击"信息"选项卡，即可打开"信息"面板，如图 6-2-12 所示。

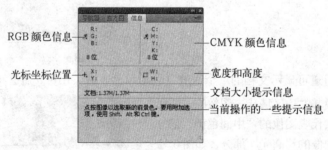

图 6-2-12

按 F8 键可快速开启或关闭"信息"面板。

用户可以使用"吸管工具"查看某个位置的颜色，也可以使用"颜色取样器工具"来查看图像中一个或多个位置的颜色信息，举例说明如下：

（1）按"Ctrl+O"组合键打开素材中的"窗台"文件，如图 6-2-13 所示。

图 6-2-13

（2）选择工具箱中的"颜色取样器工具"，如图 6-2-14 所示。

图 6-2-14

（3）在其选项栏中选择"取样大小"为取样点，如图 6-2-15 所示。

图 6-2-15

（4）移动鼠标指针到花上并单击，在"信息"面板中即显示出该点的像素颜色值，如图 6-2-16 所示。

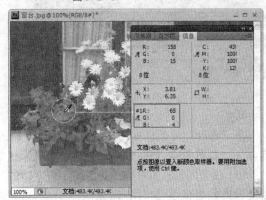

图 6-2-16

（5）继续单击鼠标左键，最多可以同时查看 4 个位置的颜色信息，如图 6-2-17 所示。

图 6-2-17

6.3 色彩调整命令

使用色彩调整命令可以调整图像的各种色彩，如饱和度、亮度、偏色等。如果说前面讲的是色彩理论，那么现在介绍的就是具体的色彩调整操作，下面就带领用户学习几个色彩调整命令。

6.3.1 色阶

通过 Photoshop 中的色阶对话框可以调整图像的阴影、中间调和高光的强度级别，从而校正图像的色调范围和色彩平衡。

（1）按"Ctrl+O"组合键打开素材中的"报纸"文件，如图 6-3-1 所示。

（2）选择"图像／调整／色阶"命令，打开"色阶"对话框，并在对话框中勾选"预览"复选框，如图 6-3-2 所示。

图 6-3-1

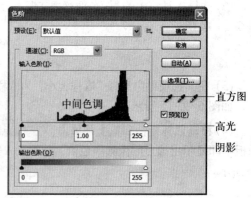

图 6-3-2

提示：

在"色阶"对话框中，直方图正下方的 3 个三角滑块分别代表阴影部分、中间色调部分和高光部分。从图 6-3-2 的直方图中可以发现，这幅图像的"阴影"和"高光"部分有明显缺失。

（3）设置阴影。向右拖动直方图下方左边的黑色三角滑块，拖动至图 6-3-3（a）所示的位置，图像效果如图 6-3-3（b）所示。

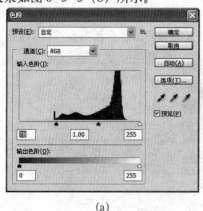

（a）

（b）

图 6-3-3

（4）设置高光。向左拖动直方图右下方的白色三角形滑块，拖动至图 6-3-4（a）所示位置，此时图像中的高光变亮了一些，如图 6-3-4（b）所示。

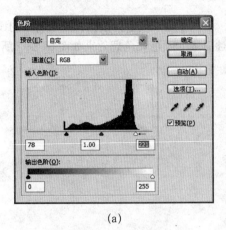

(a) (b)

图 6-3-4

（5）设置中间调。向右拖动直方图下方中间的灰色三角滑块，拖动至图 6-3-5（a）所示的位置，图像效果如图 6-3-5（b）所示。

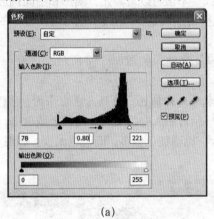

(a) (b)

图 6-3-5

（6）至此，图像的高光、阴影和中间调参数已经设置完了，图像的效果也有了明显的变化。用户还可以使用"设置灰点"吸管为图像设置灰场，降低图像的色差。单击"设置灰点"吸管，并移至图 6-3-6 所示的灰色区域单击。

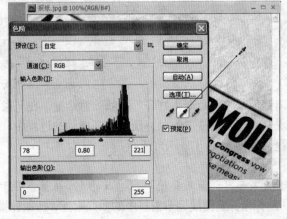

图 6-3-6

图 6-3-7

（7）单击"确定"按钮，应用所作的设置，此时图像的颜色和色调效果如图 6-3-7 所示。

6.3.2　曲线修改偏黄的照片

通过"曲线"可以调整图像的整个色调范围。"曲线"不但可以对高光、阴影和中间调进行调整，而且还可以在整个范围内添加 14 个调节控制点进行精细调整。"曲线"也可对图像中的单个颜色通道进行调整，举例说明如下：

（1）按"Ctrl+O"组合键打开素材中的"1 号车模"文件，如图 6-3-8 所示。

提示：

此素材照片有些偏黄色，下面需要通过曲线功能来矫正此偏色，使照片色彩平衡。

（2）选择工具箱中的"颜色取样器工具"，移动鼠标指针到人物脸上的中间调区域单击，此时在"信息"面板中可以看出，R 值比 G 值和 B 值都要大，说明红色偏多，而蓝色太少，如图 6-3-9 所示。

图 6-3-8

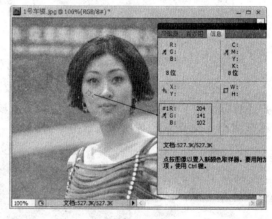

图 6-3-9

（3）选择"图像／调整／曲线"命令，打开"曲线"对话框，在"通道"中选择红，并向下拖动曲线，将红色信息减少，如图 6-3-10（a）所示。在拖动的过程中，在"信息"面板中可以看到数值逐渐变化的过程，如图 6-3-10（b）所示。

提示：

拖动的幅度要视画面效果而定，最终要使 R、G、B 的 3 个值基本趋于平衡。

曲线调节窗口：移动鼠标指针到曲线调节窗口中的曲线附近，待鼠标指针变成十字形状后，按住左键拖动鼠标，即可改变图像的高光、中间调或阴影。

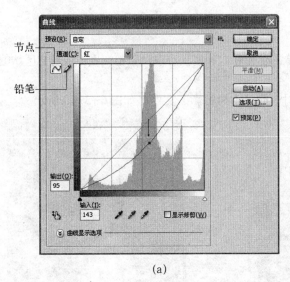
节点

铅笔

(a)　　　　　　　　　　(b)

图6-3-10

"输入"、"输出"：这两项用来显示曲线上当前控制点的"输入"、"输出"值。

"节点"：单击该按钮，可以在曲线上单击以添加节点，拖动节点，会改变图像的色调。

"铅笔"：单击该按钮，可以在"曲线调节"窗口中画出所需的色调曲线。

"平滑"按钮：单击该按钮，可以使曲线变得平滑，但是该按钮只有在激活"铅笔"按钮时才可用。

"显示修剪"：勾选该复选框，可用全黑或全白显示出图像中要修剪的区域。

"曲线显示选项"：单击该扩展按钮，可展开更多的曲线显示选项。

（4）在"通道"中选择蓝，并向上拖动曲线，增加蓝色信息，如图6-3-11（a）所示。在"信息"面板中可以看到B值和G值已经很接近了，如图6-3-11（b）所示。此时说明图像的色彩基本上得到了平衡。

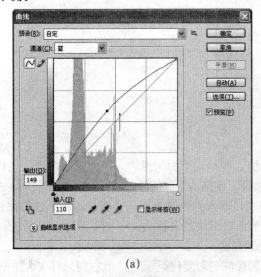

(a)　　　　　　　　　　(b)

图6-3-11

（5）单击"确定"按钮，图像的色彩得到了平衡，效果如图6-3-12所示。

6.3.3 色相／饱和度

"色相／饱和度"命令可以改变图像的色相和饱和度，可以调整整幅图像或特定区域的像素的色相、饱和度和亮度。

（1）按"Ctrl+O"组合键打开素材中的"古树留影"文件，如图6-3-13所示。

图6-3-12

图6-3-14

图6-3-13

（2）选择"图像／调整／色相／饱和度"命令，打开"色相／饱和度"对话框。首先勾选"预览"复选框，然后在下拉选项中选择"黄色"，并将"饱和度"滑块拖动至"-100"的位置，如图6-3-14所示。

该对话框中选项的含义如下：

"色相"：在右侧的文本框中输入数值，或拖动下面的滑块，可以更改图像的色相。

"饱和度"：在右侧的文本框中输入数值，或拖动下面的滑块，可以更改图像的颜色饱和度，输入的数值为负，会减小图像颜色的饱和度；输入的数值为正，会增加图像颜色的饱和度。

"明度"：在右侧的文本框中输入正值或将滑块向右移动，可增强图像的亮度；输入的数值为负，或将滑块向左移动，可以减弱图像的亮度。

🖋🖋🖋：这几个吸管都是用来改变图像的色彩变化范围的。但它们只有在选择单色通道时起作用，在选择"全图"选项时，该组按钮不能使用，它们的具体作用如下：

激活"吸管工具"按钮🖋，移动吸管到图像中单击，可将单击处的颜色作为色彩变化的范围。

激活"添加到取样"按钮 ，移动吸管到图像中单击，可增加当前单击的颜色范围到现有的色彩变化范围。

激活"从取样中减去"按钮 ，可在原有色彩变化范围上删掉当前单击的颜色范围。

"着色"：勾选该复选框，可以对灰度图像上色，也可以制作图像的单色调效果。

（3）此时大部分黄色图像的饱和度已经降低了，但还有小部分饱和度没有降低。单击"添加到取样"按钮 ，并移动鼠标指针到树上的黄色处单击，如图6-3-15所示，此时图像中所有黄色的饱和度都降低了。

图 6-3-15

提示：

为了保护图像中已经处于饱和状态的区域不受影响，可以使用"自然饱和度"命令，它会自动保护图像中已饱和的像素，只对其小部分调整，而着重调整不饱和的像素，使图像整体饱和度趋于正常。

（4）在下拉选项中选择"绿色"选项，并将"饱和度"滑块拖动至"-100"的位置，如图6-3-16所示。

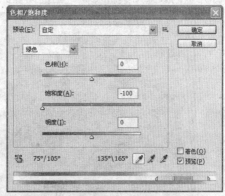

图 6-3-16

（5）单击"确定"按钮，图像中的绿色饱和度也降低了，效果如图 6-3-17 所示。

（6）最后在画面的右上方添加上简单的文字，一幅特别的照片效果就出来了，如图 6-3-18 所示。

图 6-3-17

图 6-3-18

6.3.4 阴影／高光

"阴影／高光"命令不是简单地使图像变亮或变暗，它基于阴影或高光中的周围像素（局部相邻像素）而增亮或变暗。正因为如此，阴影和高光都有各自的控制选项。默认值设置为修复具有逆光问题的图像。适用于校正由强逆光而形成剪影的照片，或者校正由于太接近相机闪光灯而有些发白的焦点。例如逆光照片中提高阴影区的亮度，使阴影区的影像更清晰，如果单纯地提高图像整体亮度，会造成高光区曝光过度。

（1）打开室内效果图素材文件，当前图像比较灰暗，如图 6-3-19 所示。

图 6-3-19

（2）选择菜单命令"图像／调整／暗部高光"，弹出对话框，可以使用默认设置，如图6–3–20所示。

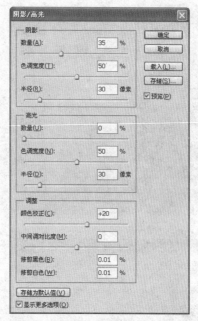

图6–3–20

（3）单击"确定"，使图像阴影区域变亮，窗外的高光区未受影响，效果如图6–3–21所示。

图6–3–21

6.3.5　彩色图像转换为黑白

"黑白"命令能够将彩色图像转换为单色或黑白图像，同时还能保持对各种颜色的转换方式的控制。并且该命令还可以调节 R、G、B、C、M、Y 的混合比例，提供各种预设，使图像产生不同的黑白或单色效果。

图 6-3-22

（1）打开素材图像，如图 6-3-22 所示。

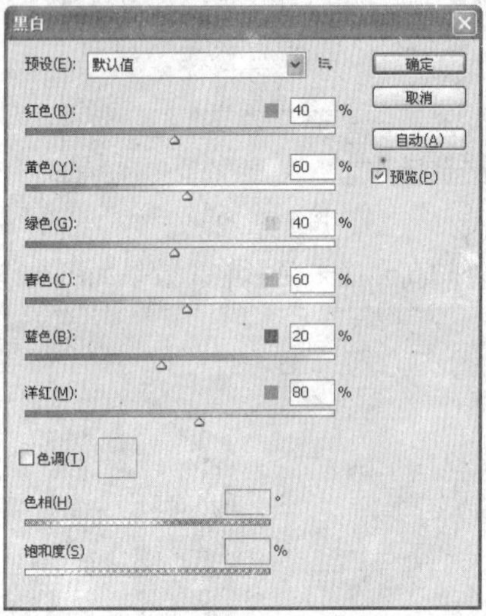

（2）选择菜单命令"图像／调整／黑白"，打开对话框，选择预设，使用默认设置，如图 6-3-23 所示。

图 6-3-23

（3）单击"确定"按钮，即可将彩色图像转为黑白色调。

（4）如果在"黑白"对话框中勾选"色调"，单击右边的颜色块，在弹出的选择目标颜色对话框中可选择所需要的颜色。默认颜色是黄色，可以让黑白照片产生发旧发黄的效果，如图 6-3-24 所示。

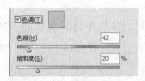

图 6-3-24

6.3.6　阈值制作版画效果

"阈值"调整功能可以将高于设置值的像素
处理成白色，把低于设置值的像素变成黑色，这
正好符合黑白木刻画的特点，可应用于音乐CD
的封面插画、海报等，如图6-3-25所示。

图6-3-25

（1）打开素材文件，如图6-3-26所示。

图6-3-26

（2）选择菜单命令"图像／调整／阈值"，弹出"阈值"调整对话框，勾选"预览"，在"阈
值色阶"中输入相应的数值，也可以直接拖动下方的滑块，这样可以随时预览到调整的效果。PS
中默认的阈值色阶为128，在实际调整时应根据照片的对比度情况进行调整，数值越小，白色
色块越多，线条越细，如图6-3-27所示。

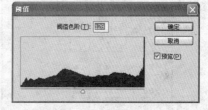

图6-3-27

提示：

通过调小阈值，可以得到最黑的阴影区域，这个最黑区域可以帮助用户创建选区；调大阈值，
帮助用户方便地选择高光区。

6.4 实例：绿树林荫调出秋天色调

本例主要通过使用"可选颜色"命令，对图像单独颜色进行校正，并使用"曲线"命令提高亮度，使用"色相／饱和度"命令调整图像中色彩倾向和颜色饱和度，最终将绿色的树改为秋天的黄色。

（1）打开素材文件，绿树林荫大道图片如图6-4-1所示。

图6-4-1

（2）选择菜单命令"图像／调整／可选颜色"，打开对话框，"颜色"选择"黄色"，设置如图6-4-2所示，窗口中显示大部分树叶显示为黄色。

图6-4-2

（3）"颜色"选择"绿色"，设置如图6-4-3所示，可将剩余绿色区域改为黄色。单击"确定"按钮。

图6-4-3

（4）选择菜单命令"图像／调整／曲线"，打开对话框，在曲线上单击创建新的控制点，并向上移动该点，如图6-4-4所示，提高图像的亮度。

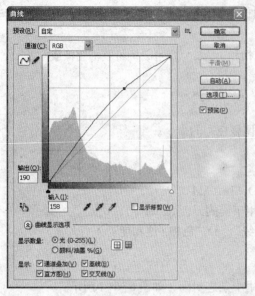

图6-4-4

（5）选择菜单命令"图像／调整／色相／饱和度"，打开对话框，提高色相和饱和度，使原来金黄色树叶改为浅黄色，如图6-4-5所示。

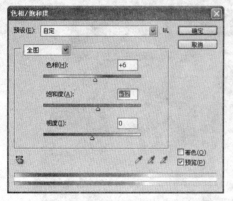

图6-4-5

6.5 小 结

通过本章的学习，读者应该了解色彩的一些基础知识，并掌握色彩的设置及调整等实际操作方法。这些方法在实际工作中都用得上，只有熟练掌握这些方法才能高质量、高效率地提高图像的色彩质量。

6.6 练 习

一、填空题

（1）色相是指色彩的_____，是色彩的基本特征，如红色、橙色、黄色等。

（2）通过 Photoshop 中的"色阶"对话框可以调整图像的_____、_____和_____的强度级别，从而校正图像的色调范围和色彩平衡。

（3）"色相／饱和度"命令可以改变图像的色相和_____。可以调整整幅图像或_____的色彩像素的色相、饱和度和亮度。

二、选择题

（1）"图像／调整"子菜单里共有_____个调整色彩的命令。

　　A.20　　B.21　　C.22　　D.23

（2）打开"曲线"对话框的快捷键是"_____"。

　　A.Ctrl+U　　B.Ctrl+M　　C.Shift+U　　D.Shift+M

（3）将一幅彩色图像变成灰度图像，可以使用下面的_____命令。

　　A."色阶"　　B."亮度／对比度"　　C."曲线"　　D."色相／饱和度"

三、上机操作

为照片调整自然饱和度，使其更加鲜艳，适用于杂志封面，如图6-6-1所示。

图6-6-1

第 7 章　图　层

图层可以将图像不同的部分作为分散的对象进行编辑，这使得合成图像和修改图像有了无限的灵活性。本章将对图层的基础操作、管理以及应用进行介绍，并通过实例练习来巩固本章的知识，使用户学会综合运用知识的能力。

7.1　图层基础操作

在 Photoshop 中，图层的一些基础操作使用很频繁，如新建图层、复制图层等，这些貌不惊人的操作却是我们设计作品中很重要的操作过程。本节先介绍一些图层的基本操作。

7.1.1　显示图层面板

在使用图层前，需要将"图层"面板显示出来，这样才能进一步对它进行操作。选择"窗口 / 图层"命令，或按快捷键 F7，都可将"图层"面板调出来，如图 7-1-1 所示。

提示：

按 F7 键可快速地打开或隐藏"图层"面板。

图 7-1-1

7.1.2　新建图层

新建图层可以建立一个空白的透明的图层。建立图层有好几种方法，下面介绍两种常用的新建图层方法。

1.通过菜单新建图层

选择"图层 / 新建 / 图层"命令，打开"新建图层"对话框，设置各项参数后，单击"确定"按钮，如图 7-1-2 所示，即可新建一个空白的透明图层。对话框中各项的含义如下：

"名称"：在右侧的文本框中可为新图层起一个名字。

图 7-1-2

"使用前一图层创建剪贴蒙版"：勾选此复选框，新图层将用前一图层创建剪贴蒙版。

"颜色"：单击右侧的下拉按钮，在弹出的下拉列表框中选择一种颜色，作为新图层在图层控制面板中的显示颜色。

"模式"：单击右侧的下拉按钮，在弹出的下拉列表框中可选择一种模式，作为新建图层与当前图层的混合模式。

"不透明度"：在右侧的文本框中输入数值或拖动下面的滑块，可设置新建图层的不透明度。

提示：

按"Ctrl+Shift+N"组合键可快速打开"新建图层"对话框。

2.通过图层面板新建图层

在图层面板上新建图层比用菜单命令新建图层要快捷得多，是图像处理中常用的方法，其操作方法如下：

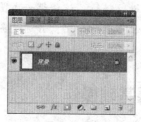

（1）选择"窗口／图层"命令，调出"图层"面板，如图7-1-3所示。

图7-1-3

（2）单击"创建新图层"按钮，即可快速新建一个图层，如图7-1-4所示。

提示：

按住Alt键单击"创建新图层"按钮，将打开"新建图层"对话框。

"创建新图层"按钮

图7-1-4

7.1.3 删除图层

删除图层是将没有用的图层删除，下面介绍两种较常用的删除图层的方法。

如果要删除图层，"图层"面板上至少有两个图层，如图7-1-5所示。

图7-1-5

（1）单击图层面板右下角的"删除图层"按钮 ，从弹出的对话框中单击"是"按钮，如图7-1-6所示，即可将当前图层删除，如果单击"否"按钮，会取消删除图层的操作。

图7-1-6

（2）如果想快速地删除图层，直接将不需要的图层拖动到"删除图层"按钮上即可，如图7-1-7所示。

提示：

用鼠标右键单击当前图层的蓝色部分，从弹出的快捷菜单中选择"删除图层"命令，也可

图7-1-7

删除该图层。

7.1.4 复制图层

复制图层就是再创建一个相同的的图层。复制图层的操作很有用，它不但可以快速地制作出图像效果，而且还可保护原文件不被破坏。

1.通过图层面板复制图层

使用图层面板复制图层比较快捷，下面就介绍这一方法：

（1）按"Ctrl+O"组合键打开素材中的"斑马"文件，效果和图层面板状态分别如图7-1-8（a）和（b）所示。

（a）

（b）

图7-1-8

提示：

此"斑马"文件是一个PSD格式的图层文件，其中包含两个图层。

（2）拖动"斑马"图层到"创建新图层"按钮上，如图7-1-9所示。

（3）释放鼠标左键后，即可快速复制一个图层，如图7-1-10所示。

图7-1-9

图7-1-10

（4）在"斑马 副本"图层上操作，按"Ctrl+T"组合键并将图像缩小，再将其移至图7-1-11所示的位置。

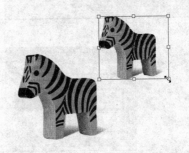

图7-1-11

图 7-1-12

（5）按 Enter 键确认变换。如果继续上述操作，并调整各图层上的图像大小，将很容易调整出图 7-1-12 所示的效果。

提示：

图层越多，文件的容量就越大，计算机处理图像信息的时间就越长。

2.通过菜单复制图层

使用菜单复制图层比较灵活，它不仅可以在原图像上建立图像的副本，还能为原图像重新建立副本。

（1）按"Ctrl+O"组合键同时打开"玫瑰花"和"书封"两个文件，如图 7-1-13（a）和（b）所示。

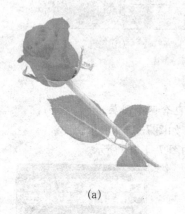

（a）

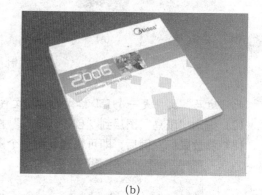

（b）

图 7-1-13

图 7-1-14

（2）使"玫瑰花"文件处于当前工作状态，选择"图层／复制图层"命令，打开"复制图层"对话框，在"为"右侧的文本框中输入文件名——"美丽的花"，如图 7-1-14 所示。

（3）单击"确定"按钮，即可为当前图像创建一个副本，图层面板状态如图 7-1-15 所示。

图 7-1-15

（4）若在"复制图层"对话框的"文档"选项中选择"书封"，如图 7-1-16 所示。

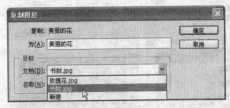

图 7-1-16

（5）单击"确定"按钮，即可将当前图层文件复制到"书封"文件中，图层面板如图 7-1-17 所示。

图 7-1-17

（6）若在"文档"选项中选择"新建"，并在"名称"文本框中起一个名称——"红色玫瑰花"，如图 7-1-18 所示。

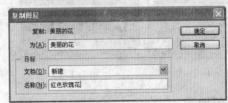

图 7-1-18

（7）单击"确定"按钮，Photoshop 将自动把当前图层的图像复制到一个新建的文件中，效果如图 7-1-19（a）和（b）所示。

（a）原文件　　　　　　　　　　　　　　　　（b）新建文件

图 7-1-19

7.1.5 选择图层

在图层面板中可以选择多个连续、不连续、相似或所有的图层，这有助于用户进行操作。不仅如此，Photoshop 还为用户设置了一些快捷键，下面分别对这几种选择图层的方法进行介绍。

1.选择多个连续的图层

（1）按"Ctrl+O"组合键任意打开一张图片，复制 5 个图层后，单击最上面的图层——"背景 副本 5"图层，如图 7-1-20 所示。

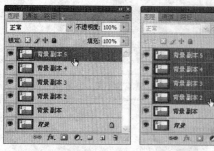

图 7-1-20　　　　　图 7-1-21

图 7-1-22　　　　　图 7-1-23

（2）按住Shift键单击下面的"背景 副本2"图层，即可将连续的"背景 副本5"至"背景 副本2"图层选择，如图7-1-21所示。

提示：

选择多个连续的图层后，可以将所选择的图层一起移动、变换。

2.选择多个不连续的图层

（1）接着上面的文件继续操作，单击任意一个图层，如图7-1-22所示。

（2）按住Ctrl键再分别单击需要选择的图层，即可选择多个不连续的图层，如图7-1-23所示。

3.选择相似图层

选择"相似图层"命令可以选择类型相似的所有图层。

图 7-1-24　　　　　图 7-1-25

（1）按"Ctrl+O"组合键打开一个具有多个文字图层的文件，并在图层面板中单击任意一个文字图层，如图7-1-24所示。

（2）执行"选择／相似图层"命令，如图7-1-25所示。

图 7-1-26

（3）此时在图层面板中所有类型相似的文字图层都被选中，如图7-1-26所示。

4.选择所有图层

选择所有图层是指选择除"背景图层"外的所有图层。

（1）按"Ctrl+O"组合键打开一个具有多个图层的文件，如图 7-1-27 所示。

（2）执行"选择／所有图层"命令，如图 7-1-28 所示。

图 7-1-27　　　　图 7-1-28

（3）此时除"背景图层"以外的所有图层都被选中了，效果如图 7-1-29 所示。

图 7-1-29

7.2　管理图层

能否管理好图层，决定着能否设计出好的作品，同时也可以看出设计者的制作水平。很多用户不重视图层的管理，这会制约设计者的制作，下面介绍几种管理图层的方法。

7.2.1　重命名图层

重命名图层很有用，如果一个作品里的图层特别多，给每一个图层起一个简单又好记的名称，会为今后的修改提供方便。

为图层重命名，双击需要修改名称的图层上的图层名，等文字呈现图 7-2-1 所示的状态时，输入新的名称即可。

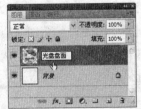

图 7-2-1

7.2.2　显示、隐藏图层内容

显示、隐藏图层内容的操作在制作图像时经常会用到，它可以将不需要显示的图层内容暂时隐藏起来，这有利于设计人员查看或修改图像。

隐藏图像状态——

显示图像状态——

要想隐藏图层上的内容，只需单击图层面板中目标图层前面的眼睛图标，将图层前面的眼睛图标隐藏即可，如图 7-2-2 所示，再次单击该图标位置，将重新显示该图层内容。

图 7-2-2

7.2.3 更改缩览图大小

更改缩览图大小也是管理图层的有效方法之一，因为图层缩览图越大，占用图层面板的地方就越大，但如果没有缩览图，或缩览图特别小，就不容易看清各个图层上的内容，所以，合理地调整缩览图的大小，可以方便图像的制作。

要更改缩览图大小，需要在图层面板菜单中选择"面板选项"命令，如图 7-2-3 所示。

在弹出的"图层调板选项"对话框的"缩览图大小"区中任选一个单选按钮，单击"确定"按钮即可更改缩览图显示的大小，如图 7-2-4 所示。

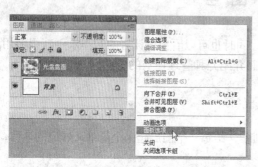

图 7-2-3

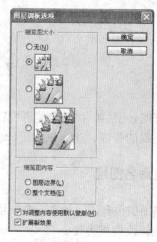

图 7-2-4

"图层边界"：选择此单选按钮，缩览图将会扩展到图层面板的边界。

"整个文档"：选择此单选按钮，缩览图将显示整个图层的大小（既显示图形部分，又显示透明部分）。

7.2.4 移动图层的位置

移动图层的位置可以重新摆放图层的顺序，这是设计制作时经常用到的操作。图层摆放的顺序不同，产生的图像效果也将不同。

1. 使用菜单移动图层的位置

使用菜单移动图层的位置比较直观，但操作起来稍微慢一些，通常使用菜单命令后面的快捷键移动图层的位置。

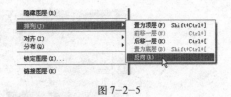

图7-2-5

选择"图层／排列",将打开图7-2-5所示的5个子选项。选择不同的子选项,当前图层将会移到不同的位置,下面对5个子选项的作用予以详细介绍。

"置为顶层":执行此命令,可以将当前图层移到所有图层的最上面。

"前移一层":执行此命令,可以将当前图层向上移动一层。

"后移一层":执行此命令,可以将当前图层向下移动一层。

"置为底层":执行此命令,可以将当前图层移到所有图层的最下面,即背景层的上方。

"反向":执行此命令,可以反转选定图层的顺序(要使用此选项,选择的图层数至少要在两个以上)。

提示:

"置为顶层"的快捷键是"Shift+Ctrl+]";"前移一层"的快捷键是"Ctrl+]";"后移一层"的快捷键是"Ctrl+[";"置为底层"的快捷键是"Shift+Ctrl+["。

2.在图层面板上移动图层的位置

在图层面板上移动图层的位置比较快捷,是最实用的移动图层位置的方法。

在图层面板上移动图层,只需用鼠标拖动图层到目标位置即可。

7.2.5 链接图层

链接图层就是将多个图层链接在一起操作。链接图层后,可很方便地移动多个图层中的图像,对链接图层进行旋转、自由变形、合并等。

按住 Ctrl 键单击图层,将需要进行链接的图层选中(按住 Shift 单击可选择连续的几个图层),然后单击图层面板底部的"链接图标"即可将选中的图层链接,如图7-2-6所示。

显示此图标,表示此图层与当前操作层有链接关系

图7-2-6

7.2.6 合并图层

合并图层就是将多个图层合并成一个图层。在设计图像的过程中,一般会用到很多图层,这样会使图像文件变大,处理速度变慢,因此,在设计作品的过程中需要将一些处理完的图层合并起来。

合并图层的方法如下:

单击图层面板右上角的"图层面板菜单"按钮,从弹出的下拉菜单中选择所需的合并命令即可,如图7-2-7所示。

"向下合并":单击此命令,可以将当前图层合并到下面的一个图层中去。

"合并可见图层":单击此命令,可以将所有显示的图层合并到背景图层中去。

"拼合图像":单击此命令,可以将所有显示的图层合并。如果图层面板中有隐藏的图层,会弹出一个提示对话框,单击"确定"按钮,将去掉隐藏的图层,并将显示的图层合并;若单击"取消"按钮,将取消合并图层操作。

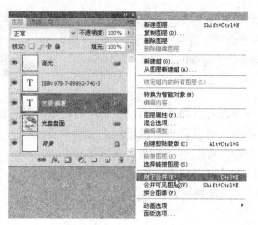

图 7-2-7

提示：

"向下合并"的快捷键是"Ctrl+E"；"合并可见图层"的快捷键是"Shift+Ctrl+E"。

7.3 应用图层

前面两节介绍了一些图层的基础操作和管理知识，本节将介绍一些图层的应用知识，如图层样式、图层蒙版、调整图层等，介绍使用图层究竟能设计出些什么图像效果。

7.3.1 图层样式

图层样式可以制作出阴影、发光、浮雕等效果，是 Photoshop 中比较有代表性的功能。常用它来设计一些按钮、图标等质感较强的图像，下面以一个图标为例进行说明：

（1）按"Ctrl+N"组合键打开"新建"对话框，在"名称"后面的文本框中输入"PS 图标"，设置"宽度"为400像素，"高度"为300像素，"分辨率"为96像素／英寸，"颜色模式"为RGB颜色，"背景内容"为白色。

（2）单击"确定"按钮新建一个文件。设置工具箱中的前景色为黑色（R：0，G：0，B：0），背景色为白色（R：255，G：255，B：255），并按"Alt+Backspace"组合键将前景色填充至"背景"图层中。

图 7-3-1

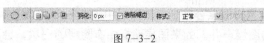

图 7-3-2

（3）单击"图层"面板下方的"创建新图层"按钮，新建一个图层并命名为"圆环"，如图7-3-1所示。

（4）选择工具箱中的"椭圆选框工具"，在其选项栏中单击"新选区"按钮，并设置"羽化"值为0px，如图7-3-2所示。

（5）移动鼠标指针到窗口中，按住Shift键拖动鼠标，创建一个正圆选区。之后按"Ctrl+Backspace"组合键将背景色填充至选区内，效果如图7-3-3所示。

图7-3-3

（6）不要取消选区继续进行操作。执行"选择／变换选区"命令，在按住"Shift+Alt"组合键的同时向内拖动顶角的控制点，将选区稍稍缩小一些，如图7-3-4所示。

图7-3-4

（7）单击"确定"按钮确认变换。执行"选择／存储选区"命令，在打开的"存储选区"对话框中输入"名称"为"正圆选区"，如图7-3-5所示。

图7-3-5

（8）单击"确定"按钮。按Delete键将选区内的白色图像删除，之后再按"Ctrl+D"组合键取消选区，效果如图7-3-6所示。

图7-3-6

（9）双击"圆环"图层后面的空白处，如图7-3-7所示。

图7-3-7

（10）在弹出的"图层样式"对话框中分别设置"斜面和浮雕"及其中的"等高线"样式，具体参数如图7-3-8（a）和（b）所示。

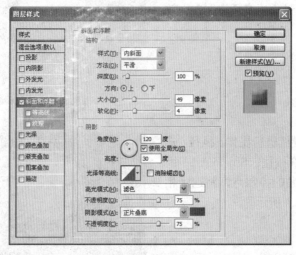

(a)

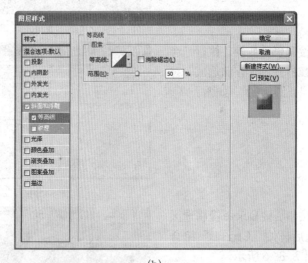

(b)

图7-3-8

图7-3-9

（11）单击"确定"按钮，图像效果如图7-3-9所示。

(12) 单击"图层"面板下方的"创建新图层"按钮,新建一个图层并命名为"正圆",如图 7-3-10 所示。

图 7-3-10

(13) 执行"选择／载入选区"命令,在打开的"载入选区"对话框中选择"通道"中的"正圆选区"选项,如图 7-3-11 所示。

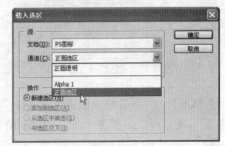

图 7-3-11

(14) 单击"确定"按钮载入选区。设置工具箱中的前景色为深蓝色(R:22,G:2,B:59),背景色为浅蓝色(R:56,G:95,B:151),如图 7-3-12 所示。

图 7-3-12

(15) 选择工具箱中的"渐变工具",并在其选项栏中选择"前景到背景"渐变,其他设置如图 7-3-13 所示。

(16) 移动鼠标指针到载入的选区内,从上至下拉出渐变颜色,如图 7-3-14 所示。

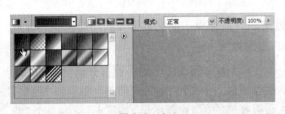

图 7-3-13

图 7-3-14

(17) 不要取消选区继续进行操作。单击"图层"面板下方的"创建新图层"按钮,新建一个图层并命名为"高光",如图 7-3-15 所示。

图 7-3-15

(18) 设置工具箱中的前景色为白色(R:255;G:255,B:255)。选择"渐变工具",并在其选项栏中选择"前景到透明"渐变,设置"不透明度"为50%,其他设置如图 7-3-16 所示。

（19）移动鼠标指针到选区的左上方，按照图 7-3-17 所示的的距离和方向拉出渐变，制作出高光效果。

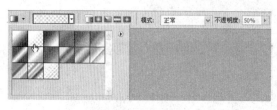

图 7-3-16

图 7-3-17

（20）按"Ctrl+D"组合键取消选区。选择"横排文字工具"，在按钮的中央输入"PS"字母，并加上"投影"图层样式，效果如图 7-3-18 所示。

（21）最后在按钮的下方绘制一些文字，"PS 图标"制作完毕，效果如图 7-3-19 所示。

图 7-3-18

图 7-3-19

7.3.2　图层蒙版

使用图层蒙版可以创建出许多梦幻般的图像效果，它是合成图像必不可少的功能。它的优点是可以在保护原图像不被损坏的同时制作出特殊的图像效果。

图 7-3-20

（1）按"Ctrl+O"组合键打开素材中的"凤凰古城风景"文件，拖动"背景"图层到"图层"面板底部的"创建新图层"按钮上，复制一个"背景 副本"图层，如图 7-3-20 所示。

（2）选择"滤镜／艺术效果／水彩"命令，在弹出的"水彩"对话框中设置图7-3-21所示的参数。

图 7-3-21

（3）单击"确定"按钮后，选择"编辑／渐隐"命令，在弹出的"渐隐"对话框中设置"不透明度"为70%，如图7-3-22所示。

图 7-3-22

（4）单击"确定"按钮，滤镜效果减淡了一些，如图7-3-23所示。

（5）单击"图层"面板下方的"添加图层蒙版"按钮，为"背景 副本"图层添加一个图层蒙版，如图7-3-24所示。

图 7-3-23

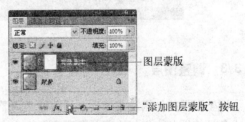

图 7-3-24

图层蒙版

"添加图层蒙版"按钮

（6）选择"画笔工具"，并在其选项栏中选择一个合适大小的柔角画笔，其他设置如图 7-3-25 所示。

图 7-3-25

（7）在图层蒙版上操作。设置前景色为黑色，移动画笔到前面的小船上进行涂抹，此时图像效果和图层蒙版状态如图 7-3-26（a）和（b）所示。

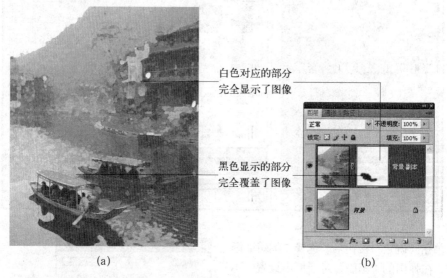

白色对应的部分完全显示了图像

黑色显示的部分完全覆盖了图像

(a)　　　　　　　　　　　　　　　(b)

图 7-3-26

图 7-3-27

（8）最后可将此幅图像设计成图 7-3-27 所示的效果。由于篇幅的关系在此不再细述，用户可打开提供的源文件查看制作细节。

7.3.3　调整图层

调整图层的作用和菜单命令"图像／调整"下的色彩调整命令一样，可以为图像进行各种颜色或色调的调整，但相比菜单色彩命令有一个好处，就是可以保护原图像不被损坏，并且可以随时修改参数。

（1）按"Ctrl+O"组合键打开素材中的"婚纱外景"文件（此文件的颜色模式为RGB），如图7-3-28所示。

图7-3-28

（2）选择"图像／模式／Lab颜色"命令，将图像的颜色模式转换为Lab。

（3）单击"图层"面板底部的"调整图层"按钮，从弹出的快捷菜单中选择"曲线"选项，如图7-3-29所示。

图7-3-29

（4）在随即弹出的"曲线"对话框中首先选择a通道，然后将曲线调整至图7-3-30所示形状。

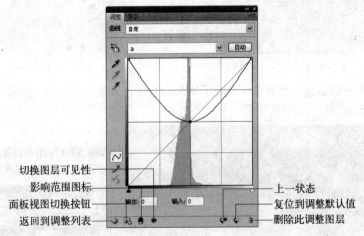

图7-3-30

返回到调整列表：单击此按钮可返回到调整列表的状态。

面板视图切换按钮：单击此按钮可将视图切换到标准视图状态。

影响范围图标：显示此图标表示此调整图层将影响到下面的所有图层。

切换图层可见性：单击此按钮可切换调整图层在"图层"面板中的可视性。

上一状态：按此按钮可查看上一状态。

复位到调整默认值：单击此按钮可恢复到默认状态。

删除此调整图层：单击此按钮可删除此调整图层。

图 7-3-31

（5）此时图像的色彩效果如图 7-3-31
所示。

（6）单击"调整"面板左下角的"返回到调整列表"图标，再单击"色相／饱和度"图标，如
图 7-3-32 所示。

（7）在打开的"色相／饱和度"界面中向左拖动"色相"滑块至 -18 的位置，如图 7-3-33
所示。

图 7-3-32

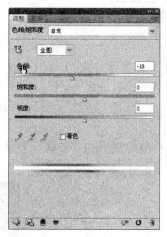

图 7-3-33

（8）此时就把一幅绿意盎然的图像变成了秋天的景色，效果和"图层"面板状态如图 7-3-34
（a）和（b）所示。

(a)

双击调整图层前面的缩览图可以
从弹出的对话框中重新设置参数

(b)

图 7-3-34

7.4 实例：时间

本例以时间为主题进行创作，并针对本章所学的知识进行设计。综合运用了图层蒙版、重命名图层、合并图层等功能，制造了一种冲击时间的视觉效果，也体现了时间的力量。

（1）按"Ctrl+N"组合键打开"新建"对话框，在"名称"后面的文本框中输入"时间"，设置"宽度"为500像素，"高度"为320像素，"分辨率"为120像素／英寸，"颜色模式"为RGB颜色，"背景内容"为白色。

（2）单击"确定"按钮新建一个文件。按"Ctrl+O"组合键打开素材中的"怀表"文件。

（3）选择工具箱中的"移动工具"，并拖动怀表图像到新建的文件中。按"Ctrl+T"组合键执行"自由变换"命令，按住Shift键并向内拖动顶角的控制点，将怀表等比例缩小，如图7-4-1所示。

提示：

在此需要在这个怀表图像图层上操作。

图 7-4-1

（4）按Enter键确认变换。双击"怀表"图层的名称，将该图层重命名为"怀表"，如图7-4-2所示。

（5）单击"图层"面板下方的"添加图层蒙版"按钮，为"怀表"图层添加一个图层蒙版，如图7-4-3所示。

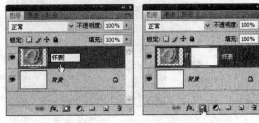

图 7-4-2　　　　图 7-4-3

（6）选择工具箱中的"画笔工具"，在其选项栏中选择一个合适大小的柔角画笔，其他设置如图7-4-4所示。

图 7-4-4

（7）在图层蒙版上操作。设置前景色为黑色，移动画笔到怀表的周围进行涂抹，将周围的图像隐藏，效果如图7-4-5所示。

图 7-4-5

（8）在"画笔工具"选项栏中选择一个较小的柔角画笔，并设置"不透明度"和"流量"都为50%，如图7-4-6所示。

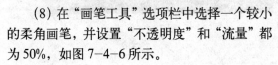

图 7-4-6

提示：

此时画笔的大小及"不透明度"和"流量"大小应灵活控制，不用拘泥于书本所介绍的参数。

（9）继续用画笔工具在怀表的周围进行涂抹，将表盘周围的图像轻轻擦除，效果和图层蒙版状态如图7-4-7（a）和（b）所示。

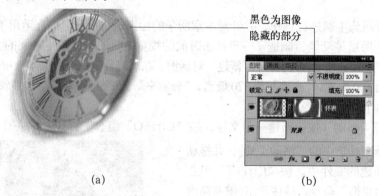

黑色为图像
隐藏的部分

(a)　　　　　　　　　　　　　(b)

图7-4-7

（10）按"Ctrl+O"组合键打开素材中的"水"文件，如图7-4-8所示。

图7-4-8

（11）选择工具箱中的"移动工具"，按住Shift键拖动水图像到新建的文件中，将图像对齐到文件的中心，如图7-4-9所示。

（12）选择"编辑／变换／垂直翻转"命令，将图像垂直翻转。

（13）选择"编辑／变换／水平翻转"命令，再将图像水平翻转，此时效果如图7-4-10所示。

图7-4-9

图7-4-10

（14）在"图层"面板上进行操作。首先单击"背景"图层前面的眼睛图标，将"背景"图层隐藏，然后将"图层1"的"图层混合模式"设置为"柔光"，如图7-4-11所示。

图层混合模式 ——

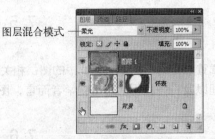

图 7-4-11

（15）此时画面的图像效果如图 7-4-12 所示。

图 7-4-12

（16）按"Ctrl+O"组合键打开素材中的"凝望"文件，并用"魔棒工具"将右下角的人物用选区选中，如图7-4-13所示。

图 7-4-13

（17）选择"移动工具"，将选中的人物拖动到新建的文件中，并摆放到画面的右下角，如图7-4-14所示，到此，"时间"作品的画面效果就制作完成了。

图 7-4-14

（18）选择"图层／拼合图像"命令，并在随即弹出的提示对话框中单击"确定"按钮。

（19）此时就将所有图层合并为一个"背景"图层了，作品制作完毕。

7.5 小 结

本章重点介绍了 Photoshop 中的图层相关知识。通过本章的学习，用户应掌握图层的基础操作、管理以及一些应用。对于初学者而言，图层蒙版知识相对较难理解，在学习时应多加注意。

7.6 练 习

一、填空题

（1）打开"图层"面板的快捷键是"_____"。

（2）单击图层面板中图层前面的_____图标可以隐藏此图层。

（3）选择多个连续的图层后，可以将所选择的图层一起_____和_____。

二、选择题

（1）"向下合并"的快捷键是"_____"。

A.Shift+Ctrl+E　B.Ctrl+E　C.Shift+E　D.Shift+M

（2）调出"新建图层"对话框的快捷键是"_____"。

A.Ctrl+N　B.Alt+N　C.Shift+N　D.Ctrl+Shift+N

（3）将一个图层移到所有图层的最上面，可以按快捷键"_____"。

A.Ctrl+]　B.Ctrl+[　C.Shift+Ctrl+]　D.Shift+Ctrl+[

三、问答题

（1）图层蒙版的作用是什么？

（2）图层样式可以用来制作出哪些效果？

第8章 路 径

路径是使用钢笔工具、自由钢笔工具或形状工具画出的轮廓或形状，是属于矢量图形的范畴。本章将学习有关路径的知识，如创建路径、编辑路径、管理路径等，一步步带领用户认识路径并使用路径制作实例。

8.1 路径的基础知识

在学习路径前，用户应对路径的概念和作用有一个了解，知道路径的功能和组成，这有助于用户将来对路径进行编辑和应用，下面对路径的基础知识进行介绍。

8.1.1 路径的概念

简单地说，路径就是使用钢笔工具、自由钢笔工具和形状工具创建的路径或形状轮廓。通过编辑路径的锚点，用户可以改变路径的形状，制作出任意图形。

8.1.2 路径的作用

下面对路径的作用作一简单介绍：
(1) 路径是矢量图形，任意缩放不会失真。
(2) 制作线条和图形。
(3) 将路径作为矢量蒙版来隐藏图层区域。
(4) 将路径转换为选区。
(5) 使用颜色填充或描边路径。
(6) 在路径上环绕文字。
(7) 剪贴路径。

8.1.3 路径的组成

路径是由锚点、直线段或曲线段组成的矢量线条。在创建路径前了解路径的组成，可以更好地完成路径的创建，以及路径的编辑，图8-1-1所示列出了路径各个部位的名称。

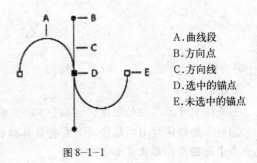

A.曲线段
B.方向点
C.方向线
D.选中的锚点
E.未选中的锚点

图8-1-1

8.2 创 建 路 径

本节将介绍使用钢笔工具、自由钢笔工具和形状工具创建路径，这也是路径最基本的操作。通过这些路径创建工具，用户可以绘制出任意图形，但本节只介绍最基本的创建路径方法。

8.2.1 绘制直线

使用钢笔工具可以绘制出直线路径，其方法是通过单击鼠标创建锚点来完成。

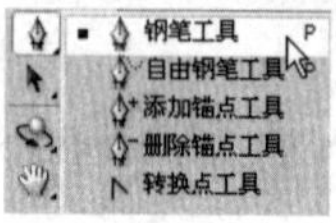

图 8-2-1

（1）选择工具箱中的"钢笔工具"，如图 8-2-1 所示。

（2）在其选项栏中单击"路径"按钮，如图 8-2-2 所示。

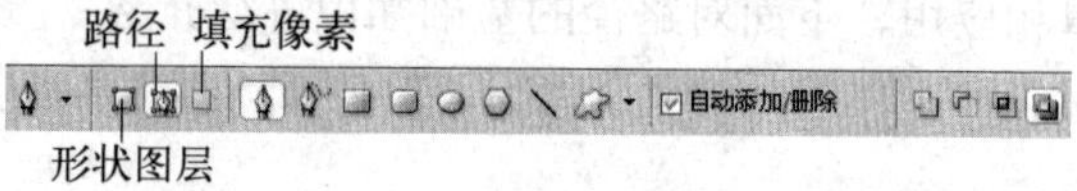

路径 填充像素

形状图层

图 8-2-2

（3）移动鼠标指针到图像窗口中单击，创建第一个锚点，如图 8-2-3 所示。

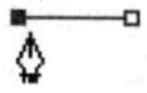

图 8-2-3

（4）移动鼠标指针到下一位置再次单击，即可创建出直线段路径（在移动鼠标指针的过程中，如果按住 Shift 键，创建直线段的角度将限制为 45 度的倍数），如图 8-2-4 所示。

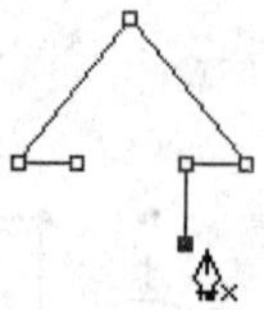

图 8-2-4

（5）如果继续移动鼠标指针并单击，将创建出连续的直线段，但最后一个锚点总是以实心方形显示，表示其处于选中状态，没选中的锚点将以空心方形显示，如图 8-2-5 所示。

图 8-2-5

提示：

①要结束开放路径的创建，可按住 Ctrl 键单击路径以外的位置。

②如果要创建封闭的路径，只需将鼠标指针移到路径的起始锚点处，等鼠标指针的右下角出现一个小圆圈后，单击鼠标左键即可。

8.2.2 绘制曲线

使用钢笔工具也可以绘制出曲线路径，其方法同绘制直线路径相似，只不过在创建锚点的时候需要拖动鼠标建立方向线。方向线和方向点的位置直接影响到曲线的形状，举例说明如下：

（1）选择工具箱中的"钢笔工具"，移动鼠标指针到图像中单击并拖动鼠标，确定起始锚点和方向线，如图8-2-6所示。

图8-2-6

（2）移动鼠标指针到下一个位置单击并拖动鼠标（此时钢笔工具显示为箭头图标，并且拖拉出的方向线随鼠标的移动而移动），即可创建出曲线路径，如图8-2-7所示。

图8-2-7

提示：
在拖动鼠标的过程中，如果按住Shift键，将限制在45度角的倍数上移动。

（3）继续单击并拖动鼠标，可继续创建曲线，如图8-2-8所示。

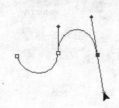

图8-2-8

提示：
如果在拖动鼠标的过程中按住Alt键，则仅会改变一侧方向线的角度。

8.2.3 绘制自由曲线

自由曲线是由"自由钢笔工具"绘制而成的，其绘制方法就如同使用铅笔那样自由，因此称之为自由曲线。该工具不仅能绘制出开放的自由曲线，还能绘制出闭合的自由曲线。

（1）选择工具箱中的"自由钢笔工具"，如图8-2-9所示。

图8-2-9

（2）在其选项栏中单击"路径"按钮，如图8-2-10所示。

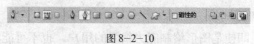

图8-2-10

图 8-2-11

（3）移动鼠标指针到图像窗口中按住鼠标左键并拖动，即可绘制出开放的自由曲线，如图 8-2-11 所示。

图 8-2-12

（4）在拖动的过程中如果将鼠标指针移到路径的起点处，等鼠标指针的右下角出现一个小圆圈后，松开鼠标左键即可绘制出一条闭合的自由曲线，如图 8-2-12 所示。

8.2.4 绘制形状路径

形状的轮廓其实也是路径，工具箱中预设了很多形状工具，用户可以利用这些形状工具绘制出一些常用的形状路径。

图 8-2-13

（1）选择形状工具组中的任意一个形状工具，如"矩形工具"，如图 8-2-13 所示。

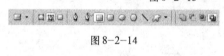

图 8-2-14

（2）在其选项栏中单击"路径"按钮，如图 8-2-14 所示。

（3）移动鼠标指针到图像窗口中按住鼠标左键并拖动，即可绘制出一条矩形形状的路径，如图 8-2-15 所示。

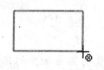

图 8-2-15

（4）选择其他形状工具，还可绘制出圆角矩形、星形等各种形状的路径，如图 8-2-16 所示。

图 8-2-16

8.3 编 辑 路 径

即使是图形绘制能力很强的用户，也不可能将图形一次性绘制成功，因此编辑路径就显得很重要了。通过编辑路径的锚点、方向线等，可以将路径改变成任意形状。

8.3.1 路径的选择和移动

在编辑路径前，首先需要学会如何选择路径和移动路径。选择和移动路径都要使用"路径选择工具"或"直接选择工具"，下面分别进行介绍。

1.路径选择工具

使用"路径选择工具"可以选择和移动整条路径。

(1) 创建一段路径或一个形状，如图8-3-1所示。

图8-3-1

(2) 选择工具箱中的"路径选择工具"，如图8-3-2所示。

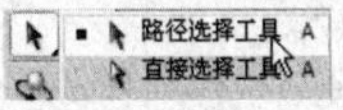

图8-3-2

(3) 移动鼠标指针到路径上单击，即可将整条路径选中，如图8-3-3所示。

图8-3-3

提示：

路径中的锚点全部为实心状态时，表示选中了整条路径。

(4) 用"路径选择工具"选中路径后按住鼠标左键并拖动路径即可移动整条路径。

2.直接选择工具

使用"直接选择工具"可以选择和移动部分路径，其使用方法举例说明如下：

(1) 接着上面的例子继续操作。选择工具箱中的"直接选择工具"，如图8-3-4所示。

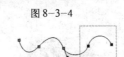

图8-3-4

(2) 移动鼠标指针到路径上框选某一段路径，即可将该段路径选中，如图8-3-5所示。

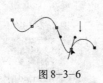

图8-3-5

提示：

被选中的路径段的锚点全都为实心状态显示。

(3) 移动鼠标指针到选中的路径段上，按住鼠标左键并拖动路径即可移动此段路径，如图8-3-6所示。

图8-3-6

8.3.2 转换路径

利用"转换点工具"既可以使路径在平滑曲线和直线之间相互转换，又可以调整曲线的形状。

角点

图 8-3-7

（1）选择"钢笔工具"，创建一条三角形形状的路径（此路径是一条用直线相连接的路径），如图 8-3-7 所示。

图 8-3-8

（2）选择工具箱中的"转换点工具"，如图 8-3-8 所示。

平滑点

图 8-3-9

（3）移动鼠标指针到路径上的角点处按住鼠标左键并拖动，即可将两边的直线转换为平滑曲线，如图 8-3-9 所示。

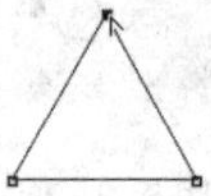

图 8-3-10

（4）移动鼠标指针再回到这个平滑点上单击，此时平滑曲线又被转换为了直线，如图 8-3-10 所示。

8.3.3 添加和删除锚点

锚点是路径的重要构成要素，它的疏密决定了路径的可编辑程度。使用工具箱中的"添加锚点工具"或"删除锚点工具"可以添加或删除锚点。

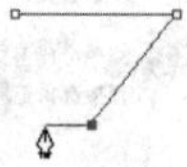

图 8-3-11

（1）选择"钢笔工具"，在窗口内任意绘制一条路径，如图 8-3-11 所示。

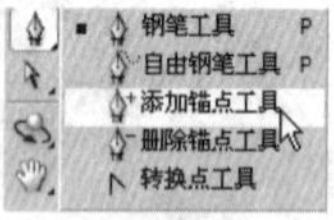

图 8-3-12

（2）选择工具箱中的"添加锚点工具"，如图 8-3-12 所示。

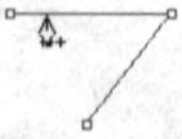

图 8-3-13

（3）此时移动鼠标指针到路径上，当指针右下角出现一个小加号时，单击鼠标左键即可在单击处增加一个锚点，如图 8-3-13 所示。

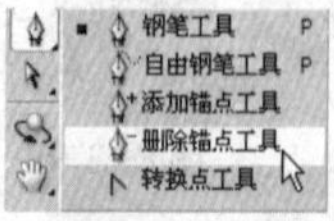

图 8-3-14

（4）选择工具箱中的"删除锚点工具"，如图 8-3-14 所示。

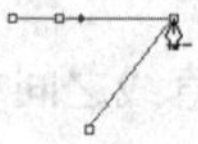

图 8-3-15

（5）移动鼠标指针到锚点上，当指针的右下角出现一个小减号时，单击鼠标左键即可将此锚点删除，如图 8-3-15 所示。

8.4 管 理 路 径

有效地管理路径可以帮助用户减少不必要的失误，提高工作效率。本节介绍如何存储工作路径、重命名路径等管理路径的知识。

8.4.1 存储工作路径

通常，使用钢笔工具或形状工具创建的路径将作为"临时工作路径"存储在路径面板中，如果没有存储便取消选择该工作路径，当再次创建路径时，新的路径将取代现有路径。所以，及时存储有用的路径很有必要。

（1）选择"钢笔工具"，任意创建一条路径，如图8-4-1所示。

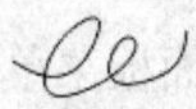

图8-4-1

（2）将工作路径的名称拖动到路径面板底部的"创建新路径"按钮上，即可将临时的工作路径保存，如图8-4-2（a）和（b）所示。

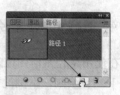

(a) 存储路径前　　　　(b) 存储路径后

图8-4-2

（3）另外，在路径面板菜单中选择"存储路径"命令，如图8-4-3所示。

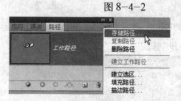

图8-4-3

（4）在随即弹出的"存储路径"对话框中输入新的路径名称并单击"确定"按钮，也可将路径保存，如图8-4-4所示。

图8-4-4

8.4.2 重命名路径

在路径面板中为路径起一个比较直观的名字是很有用的，尤其是在拥有很多个路径图层的情况下。

重命名存储路径的方法是：双击路径面板中的路径名，等其呈现修改状态后输入新的名称，按Enter键即可，如图8-4-5所示。

图8-4-5

8.4.3 复制路径

复制路径可以迅速备份一条一模一样的路径，它不但可以快速地制作出一条同样的路径，还可以保护原路径不被损坏。

图 8-4-6

（1）使用形状工具任意创建一条形状路径并重命名，如图 8-4-6 所示。

图 8-4-7

（2）拖动"小猫"图层到"路径"面板底部的"创建新路径"按钮上，即可复制一条路径——"小猫 副本"，如图 8-4-7 所示。

（3）用户也可以选择"路径"面板菜单中的"复制路径"命令，从弹出的"复制路径"对话框中输入新的路径名称并单击"确定"按钮来复制路径。

8.4.4 隐藏和显示路径

在使用路径制作图像的过程中，有些时候是需要将路径隐藏的，以便观察制作的图像效果或进行下一步绘制，举例说明如下：

（1）首先创建一条路径，然后在"路径"面板的空白处单击，即可将路径隐藏，如图 8-4-8 所示。

（2）移动鼠标指针到"路径"面板中的图层上单击，即可将该图层中的路径在视图中显示出来，如图 8-4-9 所示。

在空白处单击————

图 8-4-8

————在图层上单击

图 8-4-9

提示：

按"Ctrl+H"组合键可快速将路径在隐藏和显示之间来回切换。

8.4.5 删除路径

删除不需要的路径也属于管理路径的一部分，其方法有多种。

图 8-4-10

（1）将路径图层拖动到路径面板底部的"删除当前路径"按钮上，即可将该路径删除，如图 8-4-10 所示。

图 8-4-11

（2）在路径面板中选中要删除的路径图层，之后再单击路径面板底部的"删除当前路径"按钮，从弹出的提示对话框中单击"是"按钮即可删除路径，如图 8-4-11 所示。

提示：

如果按住 Alt 键单击"路径"面板底部的"删除当前路径"按钮，则可直接删除路径，不会弹出提示对话框。

(3) 用户也可选择"路径"面板菜单中的"删除路径"命令将路径删除，如图 8-4-12 所示。

图 8-4-12

8.5　应　用　路　径

学习路径的关键是学会使用路径制作出漂亮的、个性的图像。本节将介绍使用路径进行描边、制作选区，将路径作为矢量蒙版来隐藏图层区域等一系列路径的应用知识。

8.5.1　描边路径

描边路径可以使用画笔、橡皮擦、图章等工具对路径进行描边操作，制作出其他工具无法实现的效果。

(1) 按"Ctrl+N"组合键打开"新建"对话框，新建一个 500 像素 × 300 像素的文件，并用"钢笔工具"创建一条开放的路径，如图 8-5-1 所示。

图 8-5-1

(2) 选择"画笔工具"，设置前景色为红色 (R：235，G：28，B：40)，如图 8-5-2 所示。

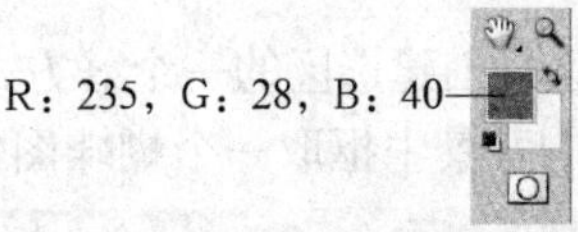

R：235，G：28，B：40

图 8-5-2

(3) 在画笔工具选项栏中选择"画笔"为尖角 3 像素，"模式"为正常，"不透明度"和"流量"都为 100%，如图 8-5-3 所示。

图 8-5-3

(4) 单击"路径"面板选项卡，在"路径 1"图层上单击鼠标右键，从弹出的下拉菜单中选择"描边路径"命令，如图 8-5-4 所示。

图 8-5-4

图 8-5-5

（5）在弹出的"描边路径"对话框中选择"画笔"，并勾选"模拟压力"复选框，如图8-5-5所示。

提示：

①在此选择的工具只起到描边的作用，要想改变描边的颜色、线条的粗细，以及各种效果，还需要在描边前设置所选工具的相关参数。

②如果勾选了"描边路径"对话框中的"模拟压力"复选框，描边将模拟人手的压力效果。

（6）单击"确定"按钮，即可沿着路径进行描边，效果如图8-5-6所示。

图 8-5-6

（7）用户也可以使用不同的画笔笔触来描边。图8-5-7所示就是使用两种不同的画笔描边后的效果。

图 8-5-7

8.5.2　将路径转换成选区使用

将路径转换成选区是创建选区的一个好方式，常用来制作比较复杂的选区。本例将使用"自由钢笔工具"从混乱的背景中抠取一个蝴蝶图像。

（1）打开素材"蝴蝶"文件，如图8-5-8所示。

图 8-5-8

"路径"按钮

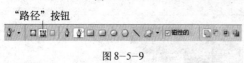

图 8-5-9

（2）选择工具箱中的"自由钢笔工具"，单击其选项栏中的"路径"按钮，并勾选"磁性的"复选框，如图8-5-9所示。

（3）按"Ctrl+'+'"组合键将图像放大。移动鼠标指针到蝴蝶的边缘处单击，并沿着边缘移动鼠标，这时路径会沿着蝴蝶的边缘自动套索，如图8-5-10所示。

（4）因为蝴蝶的触须和腿太细，不易用"自由钢笔工具"选取，所以这里先不套选这些部位，如图8-5-11所示。

图 8-5-10

图 8-5-11

（5）用"自由钢笔工具"套索完蝴蝶身体后，单击"路径"面板下方的"将路径做为选区载入"按钮，将路径转换为选区，如图 8-5-12 所示。

图 8-5-12

提示：

建立完路径后，按"Ctrl+Enter"组合键可将路径快速转换成选区。

（6）保持选区不被取消，单击工具箱中的"以快速蒙版模式编辑"按钮，切换到快速蒙版编辑方式，如图 8-5-13 所示。

（7）选择"画笔工具"，并设置前景色为白色（R：255，G：255，B：255）。使用直径为"2 px"左右的画笔涂抹蝴蝶的触角和腿，将它们清晰地显示出来，如图 8-5-14 所示。

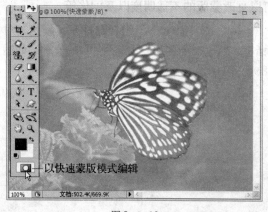

图 8-5-13

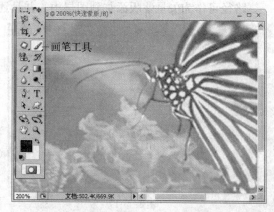

图 8-5-14

（8）单击工具箱中的"以标准模式编辑"按钮，返回到标准编辑方式。这时蝴蝶的身体、触角和腿全部被选中了，如图 8-5-15 所示。蝴蝶从混乱的背景中被抠出。

图 8-5-15

（9）按"Ctrl+J"组合键将选取内容复制到一个新的图层，这时就可以将抠出的图像运用到其他文件中了，如图 8-5-16 所示。

图 8-5-16

提示：

"Ctrl+J"组合键是"图层／新建／通过拷贝的图层"命令的快捷键。

8.5.3　将路径作为矢量蒙版使用

路径可作为矢量蒙版添加到图层中，并且还可以更改蒙版的不透明度以及羽化等。

（1）按"Ctrl+N"组合键打开"新建"对话框，新建一个名为"儿童照片"的文件，如图 8-5-17 所示。

图 8-5-17

R：239，G：239，B：239
R：244，G：254，B：177

图 8-5-18

（2）设置工具箱中的前景色为黄色（R：244，G：254，B：177），背景色为亮灰色（R：239，G：239，B：239），如图 8-5-18 所示。

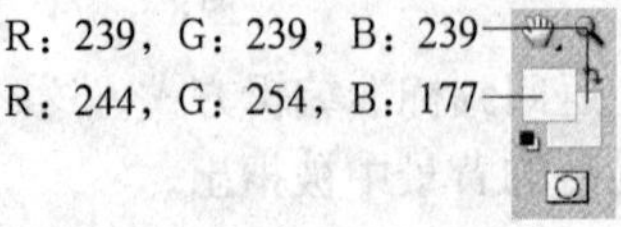

（3）选择"滤镜／渲染／云彩"命令，制作出图8-5-19所示的效果。

提示：

按"Ctrl+F"组合键可重复执行上次的滤镜。

图 8-5-19

（4）单击"图层"面板下方的"创建新图层"按钮，新建一个图层并命名为"图案"，如图8-5-20所示。

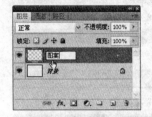

图 8-5-20

（5）选择工具箱中的"自定形状工具"，在其选项栏中单击"路径"按钮，并选择"花1"形状，如图8-5-21所示。

图 8-5-21

（6）单击"路径"面板下方的"创建新路径"按钮，新建一个"路径1"图层，如图8-5-22所示。

图 8-5-22

（7）按住鼠标左键并拖动，在画面中连续创建出几个"花1"形状，如图8-5-23所示。

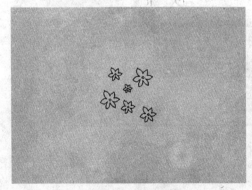

图 8-5-23

（8）按"Ctrl+Enter"组合键将路径快速转换成选区。设置前景色为黄色（R：243，G：227，B：96），并按"Alt+Delete"组合键将前景色填充至选区内，如图8-5-24所示。

（9）选择"矩形选框工具"，确定其选项栏中的"羽化"值为0px，之后将图案框选，如图8-5-25所示。

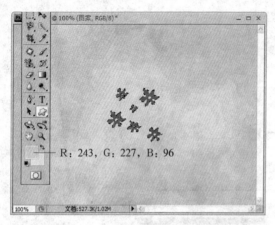

图 8-5-24

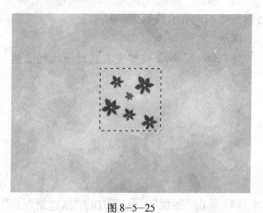

图 8-5-25

图 8-5-26

（10）选择"编辑／定义图案"命令，在弹出的"图案名称"对话框中输入"名称"为花纹，如图 8-5-26 所示。

图 8-5-27

（11）按"Ctrl+D"组合键取消选区，选择"编辑／填充"命令，在弹出的"填充"对话框中选择刚才定义的图案，如图 8-5-27 所示。

图 8-5-28

（12）单击"确定"按钮，将图案填充至"图案"图层中，并将其图层的"不透明度"设置为30%，如图 8-5-28 所示。

提示：

直接在"图案"图层中填充图案，新填充的图案将会覆盖"图案"图层中原有的图案。

图 8-5-29

（13）按"Ctrl+O"组合键打开素材中的"可爱宝宝"文件，如图 8-5-29 所示。

（14）选择"移动工具"，将宝宝图像拖动到
"儿童照片"文件中，并摆放在图8-5-30所示
的位置。

图8-5-30

（15）选择工具箱中的"自定形状工具"，在
其选项栏中单击"路径"按钮，并选择"叶子1"
形状，如图8-5-31所示。

图8-5-31

（16）按住Shift键并拖动鼠标，创建一个叶
子形状，并使用"路径选择工具"将叶子形状移
动到图8-5-32所示的位置。

图8-5-32

（17）保持叶子形状为显示状态。单击"蒙
版"面板右上角的"添加矢量蒙版"按钮，如图
8-5-33所示。

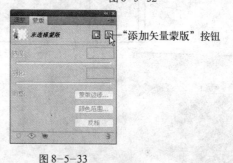

图8-5-33

（18）此时就为新图层添加了一个矢量蒙
版，图层状态如图8-5-34所示。

图8-5-34

（19）双击"图层1"后面的空白区域，从弹出的"图层样式"对话框中设置"投影"样式，
具体参数如图8-5-35所示。

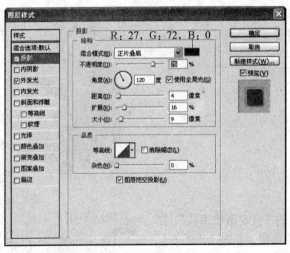

图 8-5-35

（20）单击"图层样式"对话框左侧的"外发光"样式，并在右侧设置图 8-5-36 所示的参数。

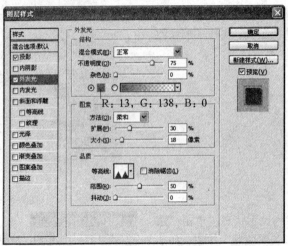

图 8-5-36

（21）单击"确定"按钮，此时图像效果如图 8-5-37 所示。

图 8-5-37

（22）选择"自定形状工具"，在其选项栏中首先单击"形状图层"按钮，然后选择"叶子 1"形状，再将"颜色"设置为绿色（R：144，G：189，B：111），如图 8-5-38 所示。

R：144，G：189，B：111

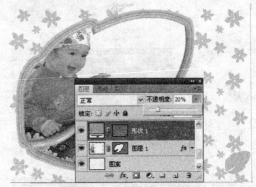

图 8-5-38

（23）按住 Shift 键并拖动鼠标，在画面的右下角创建一个叶子形状，并将其图层的"不透明度"设置为 20%，如图 8-5-39 所示。

图 8-5-39

（24）最后在画面的右下角输入相关文字，一幅关于儿童照片的作品就制作完成了，效果如图 8-5-40 所示。

图 8-5-40

8.5.4 剪贴路径

剪贴路径的主要作用是移除图像的背景。用 PageMaker 排过版的用户可能会有这样的经历，即把保存的 TIFF 图像置入 PageMaker 时，发现图像的周围总出现白色的背景，如图 8-5-41 所示。通过剪贴路径就可以解决这一问题：将路径内的图像输出，路径外的图像变成透明的区域。

（1）按"Ctrl+O"组合键打开素材中的"汽车"文件，并用路径圈出图像的轮廓，如图 8-5-42 所示。

图 8-5-41

图 8-5-42

图 8-5-43

图 8-5-44

图 8-5-45

图 8-5-46

（2）拖动"工作路径"图层到"路径"面板底部的"创建新路径"按钮上，如图8-5-43所示，由"工作路径"图层生成"路径1"图层。这样做的目的是将路径转化为永久性路径，因为形状图层中的路径和"工作路径"都是暂时的路径，不能输出为剪贴路径，只有将其转化为永久性路径才可输出为剪贴路径。

（3）选择"路径"面板菜单中的"剪贴路径"命令，如图8-5-44所示。

（4）在打开的"剪贴路径"对话框中选择需要输出的"路径"名称，在"展平度"文本框中输入所需的平滑度数值。数值越大，线段的数目越多，曲线也就越精确，其变化范围为0.2～100。一般来说，分辨率为300～600像素／英寸的图像，"展平度"设置为1～3即可；如果是1200～2400像素／英寸的高分辨率图像，"展平度"可设置为8～10，如图8-5-45所示。

（5）输出剪贴路径后，将该图像保存为TIFF、EPS或者DCS格式，再将其置入到PageMaker、Illustrator等排版软件中，图像中的白色背景将被移除，显示为透明，如图8-5-46所示。

8.5.5　在路径上放置文字

在Photoshop CS版本中，路径和文字工具已经很好地进行了结合，文字可以沿钢笔、直线或形状工具绘制的路径进行排列，使制作文字就像在矢量软件中一样方便。

（1）选择工具箱中的"钢笔工具"，在其选项栏中单击"路径"按钮后绘制出图8-5-47所示的路径。

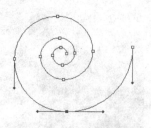

图 8-5-47

（2）选择工具箱中的"横排文字工具"，在其选项栏中选择所需的字体和字号，如图8-5-48所示。

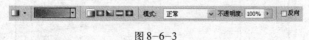

图 8-5-48

（3）移动鼠标指针到路径上，等鼠标指针变成图8-5-49所示的形状时单击鼠标左键。

提示：

鼠标指针变成图8-5-49所示的形状表示将沿路径的轨迹排列文字。

（4）在光标处输入所需的文本，满意后按"Ctrl+Enter"组合键结束操作，效果如图8-5-50所示。

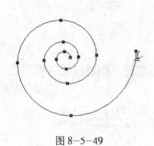

图 8-5-49

图 8-5-50

8.6　实例：福汇山庄标志

在Photoshop中常用路径来绘制一些插图、变形文字和logo等。本例针对本章所学的知识进行设计，综合运用路径的各种功能制作了一个标志。

（1）按"Ctrl+N"组合键打开"新建"对话框，在"名称"后面的文本框中输入"福汇山庄标志"，设置"宽度"为500像素，"高度"为375像素，"分辨率"为72像素／英寸，"颜色模式"为RGB颜色，"背景内容"为白色，如图8-6-1所示。

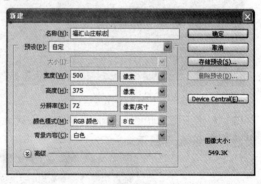

图 8-6-1

（2）单击"确定"按钮新建一个文件。设置工具箱中的前景色为棕色（R：72，G：48，B：26），背景色为浅棕色（R：185，G：166，B：145），如图8-6-2所示。

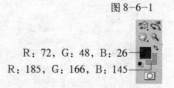

R：72，G：48，B：26
R：185，G：166，B：145

图 8-6-2

（3）选择"渐变工具"，在选项栏中选择"前景到背景渐变"，并单击"直线渐变"按钮，其他设置如图8-6-3所示。

图 8-6-3

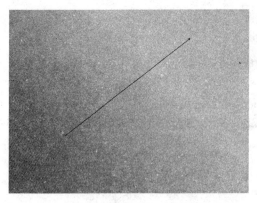

图 8-6-4

（5）选择"椭圆工具"，在其选项栏中单击"形状图层"按钮，颜色设置为淡绿色（R：218，G：229，B：213），如图 8-6-5 所示。

图 8-6-5

（6）按住 Shift 键并拖动鼠标，创建一个正圆形状，并将其摆放到图 8-6-6 所示的位置。

图 8-6-6

（7）双击正圆形状图层后面的空白处，从弹出的"图层样式"对话框中设置"描边"样式，具体参数如图 8-6-7 所示。

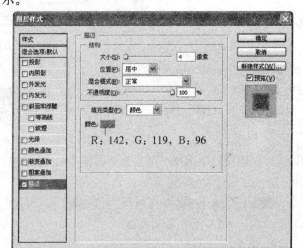

图 8-6-7

（8）单击"确定"按钮，此时图像效果如图8-6-8所示。

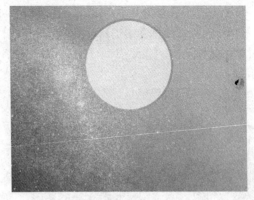

图 8-6-8

（9）用同样的方法再制作一个小点的正圆图形，并将其描边的"大小"缩小至1，效果如图8-6-9所示。

（10）选择"椭圆工具"，在正圆的中心再创建一个稍小些的正圆图形，颜色为浅棕色（R：175，G：157，B：121），如图8-6-10所示。

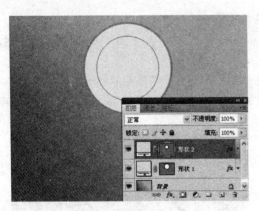

图 8-6-9

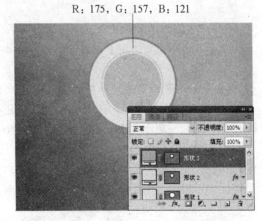

图 8-6-10

（11）使用"钢笔工具"、"矩形工具"、"椭圆工具"以及"转换点工具"等，在正圆的中间绘制出山庄图形，颜色为淡绿色（R：218，G：229，B：213），如图8-6-11所示。

图 8-6-11

（12）选择"椭圆工具"，在其选项栏中单击"路径"按钮，如图8-6-12所示。

图 8-6-12

（13）按住 Shift 键并拖动鼠标，在图 8-6-13 所示的位置创建一条正圆路径。

（14）选择"横排文字工具"，移动鼠标指针到路径上，等鼠标指针变成沿路径输入文字的形状时单击鼠标左键，输入"FU HUI MOUNTAIN VILLA"文字，颜色为深棕色，如图 8-6-14 所示。

图 8-6-13

图 8-6-14

提示：

使用"路径选择工具"或"直接选择工具"拖动文字，可以移动文字在路径上的位置。

（15）用同样的方法在下面输入"精英汇集 幸福有我"文字，并加上图 8-6-15 所示的图案。

提示：

这些图案均是由路径进行绘制。如果用户有现成的图案，也可以用类似的图案代替。

（16）最后使用文字工具在图标的的下方输入文字，颜色为淡绿色（R：218，G：229，B：213），"福汇山庄标志"制作完毕，效果如图 8-6-16 所示。

图 8-6-15

图 8-6-16

8.7 小 结

本章讲解了路径的创建、编辑、管理及应用等内容，所有的知识点应该说都没有难度，用户只要认真学习，很容易就能熟练掌握。至于如何制作出漂亮的作品，这就需要用户发挥自己的发散思维和艺术细胞了。

8.8 练 习

一、填空题

(1) 路径是由锚点、直线段或_____组成的矢量线条。

(2) 路径除了由钢笔工具创建之外，还可以使用_____工具来创建路径。

(3) 利用"转换点工具"可以使路径在平滑曲线和_____之间相互转换。

二、选择题

(1) 在选中"直接选取工具"的情况下，要一次性选中整条路径，可以按_____键。

A.Alt　B.Ctrl　C.Shift　D.以上都不对

(2) 选择工具箱中的"钢笔工具"后，在其选项栏中有_____绘图模式可供选择。

A.1种　B.2种　C.3种　D.4种

(3) 隐藏和显示路径的快捷键是"_____"。

A.Shift+H　B.Ctrl+H　C.Alt+H　D.Shift+Alt+H

三、问答题

(1) 简述路径的概念。

(2) 简述路径的作用。

(3) 剪贴路径的作用是什么？

年 月 日

第9章 蒙版和通道

蒙版用来隔离和调节图像的特定部分，用户既可以创建一次性的临时蒙版，也可以创建永久性蒙版。通道是存放图像信息的地方，通过通道可改变图像的色彩，存储选区等。本章将分别介绍蒙版和通道的相关概念及应用。

9.1 蒙 版

蒙版是合成图像的一项重要功能。通过创建和编辑蒙版可以合成出各种图像效果，并且不会使图像受损。在Photoshop中，蒙版有好几种，包括快速蒙版、图层蒙版、矢量蒙版和剪贴蒙版。本节将介绍它们的作用、创建、编辑以及应用。

9.1.1 什么是蒙版

蒙版用于蒙盖住图像，使其隐藏，以避免被编辑。这样用户就可以灵活地控制图像中的哪些部分显示和隐藏，从而编辑出特殊的图像效果。

9.1.2 图层蒙版

图层蒙版在前面已经作过介绍，是Photoshop中较为典型和重要的一种蒙版。在这里再举一例，一是便于用户理解各种蒙版，二也可以体现出图层蒙版的重要地位。

1.创建图层蒙版

（1）按"Ctrl+O"组合键打开素材中的"幻想壁纸"和"许愿瓶"文件，如图9-1-1（a）和（b）所示。

(a)　　　　　　　　　　　(b)

图9-1-1

（2）选择工具箱中的"移动工具"，拖动"幻想壁纸"图像到"许愿瓶"文件中，并对齐到图

9-1-2 所示的位置。

提示：

在对齐的时候，用户可以把图层的"不透明度"降低，这样就可以观察到具体的位置，待对齐后再恢复到 100% 的"不透明度"。

（3）在"图层 1"上操作。单击"图层"调板底部的"添加图层蒙版"按钮，在此图层上创建一个图层蒙版，如图 9-1-3 所示。

图 9-1-2

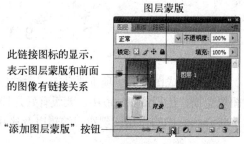

图层蒙版

此链接图标的显示，
表示图层蒙版和前面
的图像有链接关系

"添加图层蒙版"按钮

图 9-1-3

2.编辑图层蒙版

（1）设置工具箱中的前景色为黑色（R：0，G：0，B：0），如图 9-1-4 所示。

（2）选择"画笔工具"，并在其选项栏中选择一个合适大小的柔角笔头，"模式"为正常，"不透明度"和"流量"都为 100%，如图 9-1-5 所示。

R：0，G：0，B：0

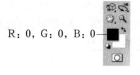

图 9-1-4

图 9-1-5

提示：

选择"画笔工具"后，按键盘上的"["或"]"键可以每次以 10 像素为增量改变画笔的直径；按住 Shift 键并按键盘上的"["或"]"键，可以每次以 25% 的比例改变画笔的硬度。

图 9-1-6

（3）移动"画笔工具"到许愿瓶周围的图像上涂抹，将其周围的图像全部隐藏，如图 9-1-6 所示。

提示：

①在图层蒙版中填充黑色或用黑色涂抹，会将图像隐藏。

②在图层蒙版中填充白色或用白色涂抹，会将图像显示。

③在图层蒙版中填充不同的灰色，或用不同的灰色涂抹，Photoshop 则会根据灰色深浅的程度隐藏或显示图像，将图像处理成不同程度的半透明状态。

（4）在"画笔工具"选项栏中将"画笔"大小改小，"模式"设置为正常，"不透明度"设置为 40%，"流量"设置为 30%，如图 9-1-7 所示。

（5）移动"画笔工具"到许愿瓶边缘的图像上涂抹，将其边缘的图像处理成半透明，如图 9-1-8 所示。

图 9-1-7

图 9-1-8

提示：

在用画笔工具涂抹的过程中一定要确保在图层蒙版上操作，而不是蒙版前的图像上，更不是在其他图层上。

（6）再适当降低画笔的"不透明度"和"流量"，在许愿瓶的高光处涂抹，将瓶子的立体感充分表现出来，此时图像效果和图层蒙版状态如图 9-1-9（a）和（b）所示。

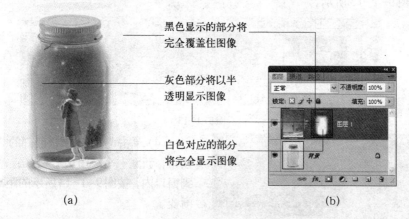

黑色显示的部分将完全覆盖住图像

灰色部分将以半透明显示图像

白色对应的部分将完全显示图像

（a）　　　　　　　　　　　　　　　　　　（b）

图 9-1-9

（7）按住 Shift 键单击图层蒙版，可以将图层蒙版暂时关闭，以查看图像原始的状态。此时图层蒙版上会显示一个红色的叉，如图 9-1-10 所示。

图 9-1-10

9.1.3 矢量蒙版

矢量蒙版的作用与图层蒙版的作用相似，可显示、隐藏图层中的部分内容，或保护部分区域不被编辑。与图层蒙版不同的是：矢量蒙版与分辨率无关，并且由钢笔或形状工具创建。

1.创建矢量蒙版

图 9-1-11

（1）按"Ctrl+O"组合键打开素材中的"落叶"文件，如图 9-1-11 所示。

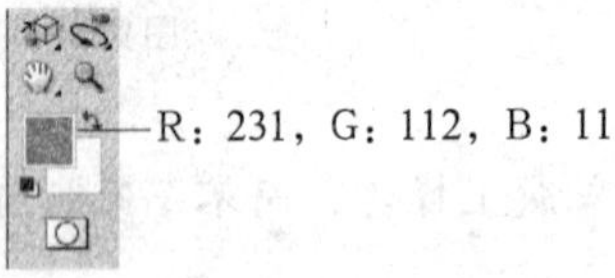

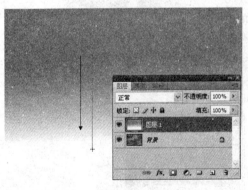

—R：231，G：112，B：11

图 9-1-12

（2）设置工具箱中的前景色为橘黄色（R：231，G：112，B：11），背景色为白色，如图 9-1-12 所示。

（3）选择"渐变工具"，在选项栏中选择"前景色到背景色"渐变，"渐变模式"为线性渐变，其他设置如图 9-1-13 所示。

图 9-1-13

（4）单击"图层"调板底部的"创建新图层"按钮，新建一个"图层 1"图层。移动鼠标指针到窗口内，按图 9-1-14 所示的距离和方向拉出渐变。

图 9-1-14

（5）选择"自定形状工具"，单击选项栏中的"路径"按钮，并选择"叶子 2"形状，如图 9-1-15 所示。

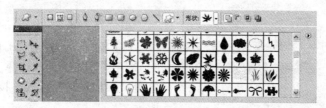

图 9-1-15

（6）在"图层 1"上操作，按住 Shift 键并拖动鼠标，在图 9-1-16 所示的位置创建多片叶子形状。

（7）选择"直接选择工具"，单击其中一片叶子，按"Ctrl+T"组合键并调整叶子的角度。使用同样的方法逐个调整其他每片叶子的角度，如图 9-1-17 所示。

图 9-1-16

图 9-1-17

（8）选择"图层／矢量蒙版／当前路径"命令。

显示全部：选择此项会将所有内容在矢量蒙版中显示。

隐藏全部：选择此项会将所有内容在矢量蒙版中隐藏。

当前路径：选择此项会将当前路径在矢量蒙版中显示。

（9）此时就为当前的路径创建了一个矢量蒙版，图像效果和"图层"调板状态如图 9-1-18 (a) 和（b）所示。

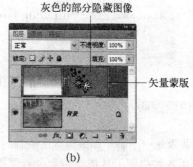

（a）

（b）

图 9-1-18

2.编辑矢量蒙版

"添加到路径区域"按钮

图9-1-19

（1）选择"自定形状工具"，单击选项栏中的"路径"按钮，再次选择"叶子2"形状，并单击"添加到路径区域"按钮，如图9-1-19所示。

（2）移动鼠标指针到画面的右下角按住鼠标左键并拖动，在矢量蒙版上再添加几片叶子，如图9-1-20所示。

（3）按住Shift键单击矢量蒙版缩览图，可以将矢量蒙版暂时关闭，以查看图像原始的状态。此时矢量蒙版上会显示一个红色的叉，如图9-1-21所示。

图9-1-20

图9-1-21

（4）移动鼠标指针到矢量蒙版缩览图上单击右键，从弹出的快捷菜单中选择"栅格化矢量蒙版"命令，可将矢量蒙版转换为图层蒙版来进行编辑，如图9-1-22所示。

（5）最后用文字工具在画面的右下角输入相应的文字，使作品完整，效果如图9-1-23所示。

图9-1-22

图9-1-23

9.1.4　快速蒙版

快速蒙版是一个制作和编辑选区的临时蒙版，用于辅助用户创建选区。在快速蒙版模式下，用户可以使用各种绘图工具或滤镜命令对蒙版进行编辑，以制作出风格各异的选区。

1.创建快速蒙版

（1）按"Ctrl+O"组合键打开素材中的"花神"文件，并用"矩形选框工具"在图9-1-24所示的位置创建一个矩形选区。

（2）单击工具箱中的"以快速蒙版方式编辑"按钮，如图9-1-25（a）所示，此时就为图像添加了一个快速蒙版，如图9-1-25（b）所示。

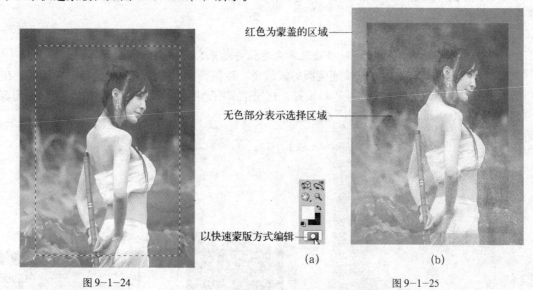

红色为蒙盖的区域

无色部分表示选择区域

以快速蒙版方式编辑

（a）　　　（b）

图9-1-24　　　　　　　　　　　　　图9-1-25

2.编辑快速蒙版

（1）选择工具箱中的"画笔工具"，在选项栏中设置合适的画笔大小，"模式"设置为正常，"不透明度"和"流量"都设置为100%。

（2）设置工具箱中的前景色为白色（R：255，G：255，B：255）。

（3）移动鼠标指针到被蒙版区域涂抹，将选择范围增大，如图9-1-26所示。

提示：

①在快速蒙版中填充白色或用白色涂抹，会扩大选择区域。

②在快速蒙版中填充黑色或用黑色涂抹，会取消选择区域。

③在快速蒙版中填充不同的灰色，或用不同的灰色涂抹，Photoshop将会根据灰色深浅的程度创建出羽化状态的选区。

（4）继续在被蒙版区域涂抹，将其处理成图9-1-27所示的效果。

图9-1-26　　　　　　　　　　　　图9-1-27

（5）单击工具箱中的"以标准模式编辑"按钮，将快速蒙版转换为选区，如图9-1-28所示。

（6）单击"通道"调板底部的"将选区存储为通道"按钮，将选区保存为Alpha1通道，如图9-1-29所示。

提示：

将选区保存为Alpha通道可以将选区永久地保存起来，方便以后再次调用。

（7）双击工具箱中的"以快速蒙版方式编辑"按钮，调出"快速蒙版选项"对话框。在此对话框中可对快速蒙版的各个选项进行设置，这里把"不透明度"改成了100%（默认状态为50%），如图9-1-30所示，单击"确定"按钮。

图9-1-28

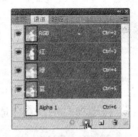
图9-1-29

图9-1-30

（8）选择"滤镜／扭曲／玻璃"命令，在打开的滤镜对话框中设置图9-1-31所示的参数。

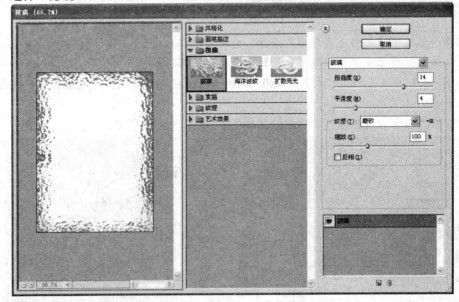
图9-1-31

（9）单击"确定"按钮，被蒙版区域被处理成了图9-1-32所示的效果。

（10）单击工具箱中的"以标准模式编辑"按钮，将快速蒙版转换为选区。往选区内填充一种黄色（R：238，G：228，B：213），再按"Ctrl+D"组合键取消选区，之后在画面左下角加入文字，一幅作品就完成了，如图9-1-33所示。

图9-1-32

图9-1-33

9.1.5 剪贴蒙版

剪贴蒙版是一种比较特殊的蒙版，它可以将图像显示或隐藏在基层（底层）图形范围内，且可以在基层图层上使用多个内容图层，但这些内容图层必须是连续的。

1.创建剪贴蒙版

（1）按"Ctrl+N"组合键打开"新建"对话框，在"名称"后面的文本框中输入"剪贴蒙版"，设置"宽度"为400像素，"高度"为300像素，"分辨率"为72像素／英寸，"颜色模式"为RGB颜色，"背景内容"为白色。

（2）单击"确定"按钮新建一个文件。设置工具箱中的前景色为黄色（R：244，G：197，B：0)，按"Alt+Delete"组合键将前景色填充至"背景"图层。

（3）选择工具箱中的"自定形状工具"，在其选项栏中单击"路径"按钮，并选择"雨伞"形状，如图9-1-34所示。

图9-1-34

（4）按住鼠标左键并拖动，在画面中创建一个"雨伞"形状，如图9-1-35所示。

图9-1-35

（5）单击"图层"调板下方的"创建新图层"按钮，新建一个图层并命名为"伞图形"，如图9-1-36所示。

（6）按"Ctrl+Enter"组合键将路径快速转换成选区。设置前景色为白色（R：255，G：255，B：255），并按"Alt+Delete"组合键将前景色填充至选区内，如图9-1-37所示。

（7）按"Ctrl+D"组合键取消选区。单击"图层"调板下方的"创建新图层"按钮，再新建一个"图层1"图层，如图9-1-38所示。

图9-1-36

图9-1-37

图9-1-38

（8）选择工具箱中的"画笔工具"，在选项栏中设置合适的画笔大小，"模式"设置为正常，"不透明度"和"流量"都设置为100%。

图9-1-39

（9）设置工具箱中的前景色为浅紫色（R：243，G：143，B：247），移动鼠标指针到伞图形的左上方涂抹出笔触，如图9-1-39所示。

（10）按住Alt键并单击"伞图形"和"图层1"中间的交接处，创建一个剪贴蒙版，此时"图层"调板状态和图像效果如图9-1-40所示。

内容层
基层

图9-1-40

提示：

剪贴蒙版主要由两部分组成，即基层和内容层。基层位于整个剪贴蒙版的底部，其图层名称带有下划线；而内容层则位于基层上方，其图层缩览图呈缩进状态，并带有"剪贴蒙版图标"。

2.编辑剪贴蒙版

（1）在"图层1"上面再新建一个图层，并按住 Alt 键单击"图层1"和"图层2"中间的交接处，使"图层2"成为剪贴蒙版的内容层，如图 9-1-41 所示。

（2）在选项栏中适当改小画笔大小，"不透明度"和"流量"的值，如图 9-1-42 所示。

图 9-1-41

图 9-1-42

（3）设置工具箱中的前景色为深紫色（R：175，G：73，B：179），移动鼠标指针到伞图形的左侧涂抹，制作出伞的立体感，如图 9-1-43 所示。

图 9-1-43

（4）移动鼠标指针到"图层1"和"图层2"中间的交接处，按住 Alt 键再次单击，可将"图层2"内容层移去，此时"图层"调板状态和图像效果如图 9-1-44 所示。

图 9-1-44

提示：

如果按住 Alt 键单击基层和其正上方的内容层（本例为"伞图形"和"图层1"）交接处，可将剪贴蒙版中的所有图层释放。

（5）还原先前的剪贴蒙版状态，在伞下配上文字，一个小标志就形成了，如图 9-1-45 所示。

图 9-1-45

9.2 通 道

通道可以用来调整图像的颜色和创建复杂选区，在绘制和修饰图像方面应用极为广泛，有着其他工具不可替代的功能。在 Photoshop 中有 3 种通道类型，分别为颜色通道、Alpha 通道和专色通道，下面分别对这些通道进行讲解。

9.2.1 什么是通道

通道是存储不同类型信息的灰度图像。常用来调整图像颜色、创建和保存选区，是一种较为特殊的载体。

9.2.2 颜色通道

顾名思义，颜色通道就是含有颜色信息的通道。颜色通道是在用户新建和打开图像时自动创建的。图像的颜色模式决定了所创建的颜色通道的数目，如打开一幅 RGB 颜色模式的图像，其通道数量就是一个 RGB 复合通道加红、绿、蓝 3 个单色通道，共 4 个通道。

1．观察颜色通道

图 9-2-1

（1）按"Ctrl+O"组合键打开素材中的"七月日光"文件（此图像的颜色模式为 RGB），如图 9-2-1 所示。

图 9-2-2

（2）单击"通道"选项卡可以发现，此图像由 4 个通道组成，分别是 RGB 复合通道和红、绿、蓝 3 个单色通道，如图 9-2-2 所示。

提示：

在 RGB 模式的图像文件中，单色通道中的暗部表示该色缺失，亮部表示该色存在，而且 RGB 模式的成色原理是加色，即绿＋蓝＝青，红＋蓝＝品红，红＋绿＝黄。

2．编辑颜色通道

（1）移动鼠标指针到"蓝"通道前面的"眼睛"图标❸处单击，隐藏"蓝"通道，此时可以发现画面的颜色变黄了，如图 9-2-3（a）和（b）所示。

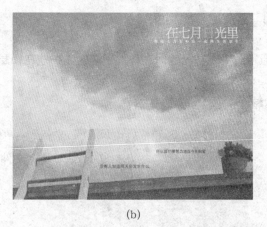

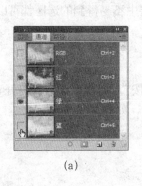

(a)   (b)

图 9-2-3

（2）单击"绿"通道前面的"眼睛"图标 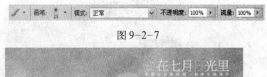，将"绿"通道隐藏，再单击"红"通道，此时用户可以看见，"红"通道其实是一个黑白色的灰度图像，如图 9-2-4 所示。

（3）移动鼠标指针到"RGB"复合通道前面的"眼睛"图标 处单击，如图 9-2-5 所示。

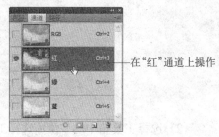

在"红"通道上操作

图 9-2-4   图 9-2-5

（4）设置工具箱中的前景色为白色（R：255，G：255，B：255），如图 9-2-6 所示。

（5）选择"画笔工具"，在选项栏中设置合适的画笔大小，"模式"设置为正常，"不透明度"和"流量"都设置为 100%，如图 9-2-7 所示。

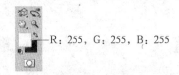

R：255，G：255，B：255

图 9-2-6

（6）移动鼠标指针到图 9-2-8 所示位置涂抹出两个心形。用户会发现，用白色画笔涂抹的地方显示出了红色。

图 9-2-7

图 9-2-8

9.2.3 Alpha 通道

Alpha 通道的主要功能是保存和编辑选区，一些在图层中不易得到的选区都可以通过灵活使用 Alpha 通道来创建。

1. 创建 Alpha 通道

图 9-2-9

(1) 按 "Ctrl+O" 组合键打开素材中的 "写真" 文件，如图 9-2-9 所示。

"添加到选区"按钮

图 9-2-10

(2) 选择工具箱中的 "快速选择工具"，单击选项栏中的 "添加到选区" 按钮，并设置一个合适大小的笔头，如图 9-2-10 所示。

(3) 移动鼠标指针到人物外面的区域单击鼠标，将外面的区域大致选中，如图 9-2-11 所示。

图 9-2-11

（4）单击"通道"调板底部的"将选区存储为通道"按钮，将选区存储为 Alpha1 通道，如图 9-2-12 所示。

图 9-2-12

2.编辑 Alpha 通道

（1）单击"Alpha1"通道，再单击"RGB"复合通道前面的"眼睛"图标，此时在"Alpha1"通道中的黑色部分在画面中显示为半透明红色，如图 9-2-13（a）和（b）所示。

（a）　　　　　　　　　　　　　（b）

图 9-2-13

（2）选择"画笔工具"，在选项栏中设置合适的画笔大小，"模式"设置为正常，"不透明度"和"流量"都设置为 100%，如图 9-2-14 所示。

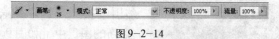

图 9-2-14

（3）设置工具箱中的前景色为白色（R：255，G：255，B：255），用画笔将人物周围的半透明红色擦除，使红色部分完全覆盖住人物，如图 9-2-15 所示。

提示：

在 Alpha 通道中用白色涂抹会扩大选择区域；用黑色涂抹会取消选择区域；用不同的灰色涂抹，Photoshop 会根据灰色深浅的程度创建出不同的半透明选区。

图 9-2-15

图 9-2-16

（4）按 "Ctrl+I" 组合键将颜色反相，之后单击 "通道" 调板底部的 "将通道作为选区载入" 按钮，将 Alpha1 通道中的白色部分载入为选区，如图 9-2-16 所示。

图 9-2-17

（5）单击 "Alpha1" 通道前面的 "眼睛" 图标 ，使其隐藏，再单击 "RGB" 复合通道，准备在复合通道中进行编辑，如图 9-2-17 所示。

图 9-2-18

（6）单击 "图层" 选项卡，回到 "图层" 调板中。按 "Ctrl+J" 组合键将选区内的图像复制到新的图层中，如图 9-2-18 所示。

（7）在 "图层 1" 图层上按 "Ctrl+T" 组合键，出现控制框后单击鼠标右键，从弹出的快捷菜单中选择 "水平翻转" 命令，按 Enter 键确认，如图 9-2-19 所示。

（8）之后可在图像的背景加入一些设计元素，使作品完整，如图 9-2-20 所示。

图 9-2-19

图 9-2-20

9.2.4 专色通道

专色是特殊的预混油墨,用于替代或补充印刷色油墨。通过专色通道可以在印刷物中标明进行特殊印刷的区域。

(1)接着上例继续进行操作。按住 Ctrl 键并单击"图层 1"前面的缩览图,将人物的选区载入,如图 9-2-21 所示。

图 9-2-21

(2)单击"通道"调板右上角的"调板菜单"按钮,从展开的菜单中选择"新建专色通道",如图 9-2-22 所示。

图 9-2-22

（3）弹出"新建专色通道"对话框，单击"颜色"后面的色块，从随即弹出的"颜色库"中选择所需的一种专色，如图9-2-23（a）和（b）所示。

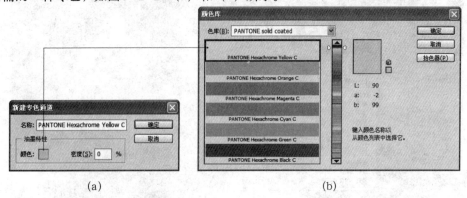

(a)   (b)

图 9-2-23

图 9-2-24

（4）单击"确定"按钮回到"新建专色通道"对话框，并将"密度"设置为4%，如图9-2-24所示。

提示：

"密度"选项可以在屏幕上模拟印刷后专色的密度，在其中可以输入0%～100%之间的任意一个值。

（5）单击"确定"按钮，在"通道"调板中便出现了一个专色通道。此时在图像上也可以看到加上专色后的效果，如图9-2-25（a）和（b）所示。

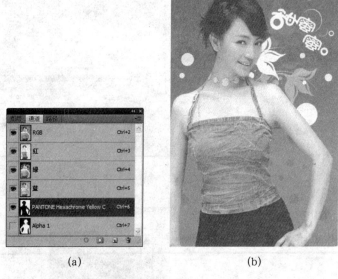

(a)   (b)

图 9-2-25

提示：

为了使其他应用程序能够更好地识别打印专色通道，自动形成的通道名称最好不要随意更改。若要输出专色通道，在Photoshop中需要将文件以DCS 2.0格式或PDF格式进行存储。

9.3 实例：抠取飘逸秀发

　　"抠图"是图像处理中最常做的操作之一，方法也很多，但是模特飞扬的头发层次较多且和背景色较贴近的头发，抠起来很麻烦。本节利用通道，能快速将背景剔干净，并且不让头发细节损失太多。

　　（1）打开素材文件，如图 9-3-1 所示，模特后面的背景是渐变色。

图 9-3-1

　　（2）在通道面板中，选择明暗对比高的蓝色通道，如图 9-3-2 所示。

图 9-3-2

　　（3）右击蓝通道，在弹出的菜单中选择"复制通道"，即可创建"蓝 副本"通道。
　　（4）选择新建的"蓝 副本"通道，选择菜单命令"图像／调整／反相"，使图像反相处理，这时暗的地方就会变亮，头发变成了白色，如图 9-3-3 所示。

图 9-3-3

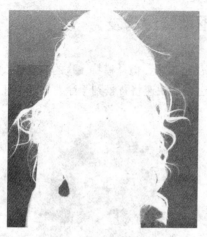

图 9-3-4

（5）在工具箱中单击"画笔工具"，将前景色设置为白色，在需要完全显示的地方涂抹，如图 9-3-4 所示。在不需要显示的地方涂抹黑色。

（6）选择菜单命令"图像／调整／色阶"，移动灰色调滑块，让图像的对比度增大，如图 9-3-5 所示。单击"确定"按钮。

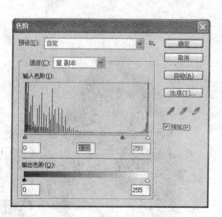

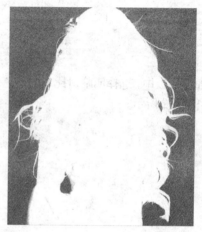

图 9-3-5

图 9-3-6

（7）在通道面板下端，单击"载入选区"按钮，即可选中通道中白色区域，如图 9-3-6 所示。

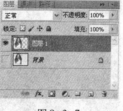

图 9-3-7

（8）单击图层选项卡，单击背景图层，按快捷键"Ctrl+J"，将图像拷贝到一个新的图层中。单击背景图层左侧的"显示"按钮，隐藏背景，如图 9-3-7 所示。

（9）显示透明背景，可以更好的观察抠取的图像，如图9-3-8所示。

图9-3-8

（10）抠取的图像复制封面设计中，如图9-3-9所示。

图9-3-9

9.4 小 结

本章对蒙版和通道的使用及技巧进行了讲解，蒙版和通道是Photoshop的重要功能，任何一个渴望掌握图像处理真谛的人都应对它们的使用技巧进行深入的了解，只有这样才能掌握图像处理的高级技巧。

9.5 练 习

一、填空题

（1）Alpha通道的主要功能是_____和编辑选区。

（2）蒙版用于蒙盖住图像，使其_____，以避免被编辑。

（3）通道常用来调整图像颜色、_____和_____选区，是一种较为特殊的载体。

二、选择题

（1）剪贴蒙版主要由两部分组成，分别是基层和_____。

　　　A.普通图层　　B.形状图层　　C.内容层　　D."背景"图层

（2）在图层蒙版中用_____涂抹，将会隐藏图像。

　　　A.白色　　B.黑色　　C.画笔工具　　D.橡皮擦工具

（3）将选区保存为 Alpha 通道可以将选区_____保存起来。

　　　A.临时　　B.永久　　C.24 小时　　D.以上都不对

三、问答题

（1）简述快速蒙版的作用。

（2）简述通道与蒙版的区别。

四、上机操作

（1）使用蒙版制作光盘背景图，如图 9-5-1 所示。

图 9-5-1

（2）使用液化滤镜，修改脸形，如图 9-5-2 所示。

图 9-5-2

第10章 滤 镜

滤镜是 Photoshop 中一个较有特色的功能，可以制作很多特殊的图像效果。本章将循序渐进地介绍 Photoshop 中滤镜的使用、编辑和应用，并通过最后的实例使读者加深对滤镜的认识，将知识应用到实际作品创作中。

10.1　什么是滤镜

滤镜可以理解为一个加工"图像"的机器，图像经过它的加工后，可以实现各种特殊的效果，因此，滤镜在 Photoshop 中被称为图像处理的"灵魂"。在 Photoshop 中经过一次或多次为图像添加"滤镜"效果，不仅可以模拟出艺术绘画效果，还可以模拟出虚拟的迷幻景象，非常神奇。

10.2　使 用 滤 镜

本节将介绍滤镜的使用，其中包括两部分，分别是普通滤镜的使用和智能滤镜的使用。它们的使用非常简单，区别也不大，下面分别进行介绍。

10.2.1　使用普通滤镜

要使用滤镜，可以从"滤镜"菜单中选择相应的命令或子菜单中的命令。下面以高斯模糊滤镜为例说明滤镜的使用。

（1）按"Ctrl+O"组合键打开素材中的"宁静"文件，如图 10-2-1 所示。

图 10-2-1

（2）选择工具箱中的"椭圆选框工具"，并在其选项栏中设置"羽化"为 0px，如图 10-2-

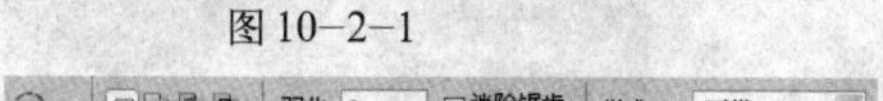

图 10-2-2

2所示。

图10-2-3

(3) 移动鼠标指针到画面中，按住鼠标左键并拖动，将人物用"椭圆选框工具"框选中，如图10-2-3所示。

(4) 按"Ctrl+Shift+I"组合键将选区反选，之后选择"滤镜／模糊／高斯模糊"命令，如图10-2-4所示。

(5) 打开"高斯模糊"对话框，设置"半径"为2.5像素，如图10-2-5所示。

图10-2-5

图10-2-4

图10-2-6

(6) 单击"确定"按钮，应用滤镜效果。按"Ctrl+D"组合键取消选区，图像效果如图10-2-6所示。

提示：

有些滤镜没有参数设置对话框，执行这些滤镜命令后，会直接将滤镜效果应用到当前图像上。

10.2.2　使用智能滤镜

只要是智能对象图层都可以使用智能滤镜，应用于智能对象的任何滤镜也都是智能滤镜。使用智能滤镜就像为图层添加图层样式一样地为图层添加滤镜，并且可以对添加的滤镜进行反复的修改。

（1）按"Ctrl+O"组合键打开素材中的"铅笔"文件，如图10-2-7所示。

图10-2-7

（2）选择"滤镜／转换为智能滤镜"命令，如图10-2-8所示。

图10-2-8

（3）在随即弹出的提示对话框中单击"确定"按钮，如图10-2-9所示。

（4）此时就将一个普通的图层转换为一个智能对象图层，如图10-2-10所示。

图10-2-9

智能对象图标

图10-2-10

提示：

要想在普通图层上应用智能滤镜，必须把这个图层先转换为智能对象图层。

（5）选择"滤镜／扭曲／波浪"命令，在打开的"波浪"对话框中设置图10-2-11所示的参数。

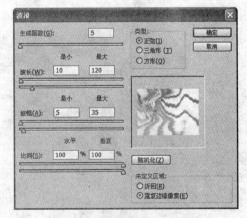

图10-2-11

（6）单击"确定"按钮，图像效果和"图层"面板状态如图 10−2−12（a）和（b）所示。

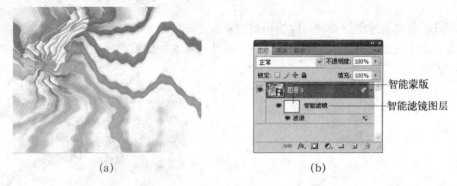

（a）　　　　　　　　　　　　　　（b）

图 10−2−12

（7）选择"滤镜／纹理／拼缀图"命令，在打开的"拼缀图"对话框中设置图 10−2−13 所示的参数。

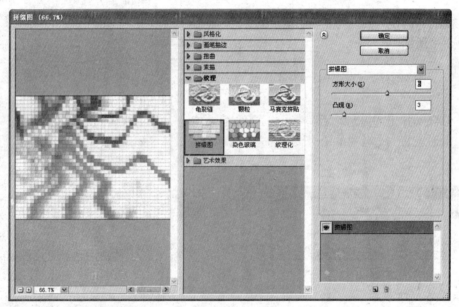

图 10−2−13

（8）单击"确定"按钮，图像效果和"图层"面板状态如图 10−2−14（a）和（b）所示。

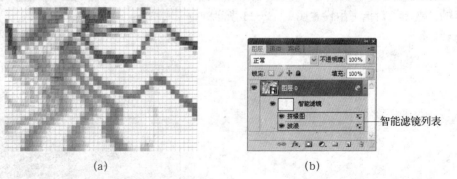

（a）　　　　　　　　　　　　　　（b）

图 10−2−14

提示:

在图 10-2-14 (b) 中可以看出,一个智能对象图层主要是由智能蒙版和智能滤镜列表构成的,其中智能蒙版主要用于隐藏或显示智能滤镜的处理效果,而智能滤镜列表则显示了当前智能滤镜图层中所应用的滤镜名称。

10.3　编　辑　滤　镜

有的时候为图像应用一次滤镜后并不能获得满意的效果,需要反复使用或修改参数才行。本节将介绍如何编辑普通滤镜和智能滤镜,使滤镜使用起来更得心应手。

10.3.1　编辑普通滤镜

本节将介绍 4 种编辑普通滤镜的方法,分别是重新修改滤镜参数、使用滤镜库、重复使用滤镜以及渐隐滤镜效果。

1.重新修改滤镜参数

重新修改滤镜参数是指打开有滤镜参数对话框的滤镜进行修改,而不是指所有滤镜,举例说明如下:

(1) 按"Ctrl+O"组合键打开素材中的"各国儿童"文件,如图 10-3-1 所示。

图 10-3-1

(2) 选择"滤镜/风格化/浮雕效果"命令,在弹出的"浮雕效果"对话框选中设置参数,如图 10-3-2 所示。

图 10-3-2

图 10-3-3

（3）单击"确定"按钮，效果如图 10-3-3 所示。

提示：

此时发现效果不是很好，想重新设置一下参数。

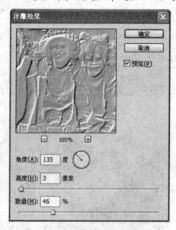

图 10-3-4

（4）首先按"Ctrl+Z"组合键撤销上一步操作，然后按"Ctrl+Alt+F"组合键再次调出刚才的"浮雕效果"对话框，并在其中设置合适的参数，如图 10-3-4 所示。

图 10-3-5

（5）单击"确定"按钮，效果如图 10-3-5 所示。这样就成功地重新修改了滤镜参数。

2.使用滤镜库

　　Photoshop 滤镜库中陈列了各种滤镜，在其中不仅可以方便地调用各种滤镜，还可以预览滤镜效果，是一种很好的编辑滤镜的功能，举例说明如下：

　　（1）接着上例继续操作。选择"滤镜／滤镜库"命令，在弹出的对话框中任意选择一种滤镜，此时在左侧的预览窗口中显示了应用该滤镜的效果，如图 10-3-6 所示。

图 10-3-6

（2）单击右下角的"新建效果图层"按钮，新建一个效果图层，在滤镜库中再选择一个滤镜，此时应用的滤镜效果放在了新建的效果图层中。单击效果图层前面的眼睛图标可分别关闭或开启各个滤镜效果，如图 10-3-7 所示。

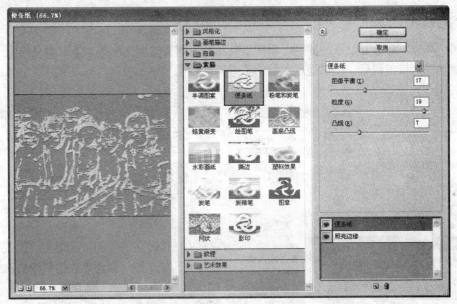

图 10-3-7

（3）单击"确定"按钮，效果如图 10-3-8 所示。

图 10-3-8

3. 重复使用滤镜

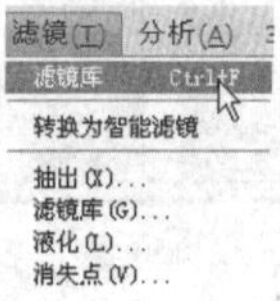

有时候应用一次滤镜并不能获得满意的效果，需要反复使用才行。在 Photoshop 每使用一次滤镜，其将被放在"滤镜"菜单的顶部。用户只需选择该命令或按其快捷键"Ctrl+F"即可重复使用该滤镜，如图 10-3-9 所示。

图 10-3-9

提示：

在此通常使用快捷键"Ctrl+F"重复使用滤镜。

4. 渐隐滤镜效果

使用"渐隐"命令可以修改滤镜、绘画工具和颜色调整的应用结果。渐隐命令类似于在目标图层上建立一个校正图层，然后通过图层的不透明度和混合模式控制目标图层。渐隐滤镜的操作如下：

（1）接着上例继续操作。选择"编辑／渐隐"命令，如图 10-3-10 所示。

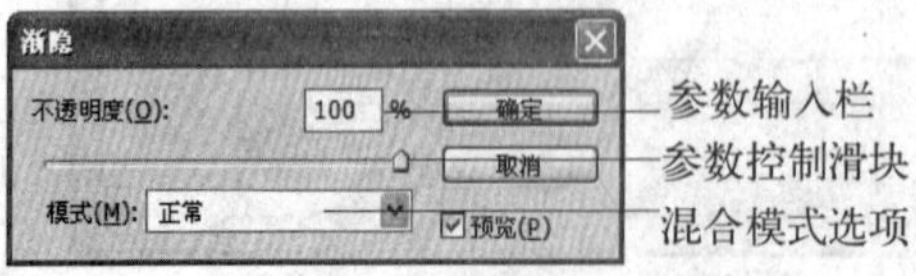

图 10-3-10

（2）在弹出的"渐隐"对话框中首先勾选"预览"复选框，然后拖动参数控制滑块调整"不透明度"，并在"模式"选项栏中选择适当的混合模式，如图 10-3-11 所示。

图 10-3-11

（3）单击"确定"按钮即可调整滤镜的效果。

10.3.2 编辑智能滤镜

智能滤镜的编辑和普通滤镜还是有区别的，用户不仅可以对其进行重新修改参数、删除等常规操作，还可以有选择地利用智能滤镜中的图层蒙版对滤镜区域进行调整，这比对普通滤镜的编辑更加容易。

1.重新修改滤镜参数

为图像应用的智能滤镜都罗列在"图层"面板中对应的图层下方，就像图层样式排列的效果那样。智能滤镜的优点之一就是可以进行反复的修改，其修改方法也像修改图层样式的方法一样，非常方便，举例说明如下：

（1）按"Ctrl+O"组合键打开素材中已经准备好的案例文件"白天鹅之梦"文件，如图10-3-12所示。

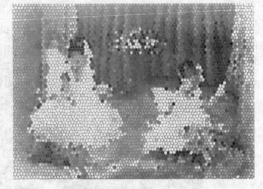

图10-3-12

（2）双击"图层"面板中要修改参数的滤镜名称，如图10-3-13所示。

图10-3-13

（3）在随即弹出的滤镜对话框中进行参数修改即可。需要注意的是，在添加了多个智能滤镜时，如果编辑了先添加的智能滤镜，将会弹出一个图10-3-14所示的提示框。

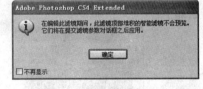

图10-3-14

提示：

如果用户编辑的是最后（也就是智能滤镜列表中最上面的滤镜命令）添加的智能滤镜则不会弹出此提示对话框。

2.编辑智能蒙版

智能蒙版的原理和图层蒙版的原理是一样的，都是用显示和隐藏图像区域来制作图像效果。

（1）以上例为例继续进行操作。在"图层"面板中单击要编辑的智能蒙版，如图10-3-15所示。

图10-3-15

（2）选择工具箱中的"画笔工具"，并在其选项栏中设置合适的"画笔"、"模式"等参数，如图10-3-16所示。

图 10-3-16

（3）再设置工具箱中的前景色为黑色，如图
10-3-17 所示。

图 10-3-17

（4）移动鼠标指针到图像中的人物上涂抹，此时被画笔涂抹过的地方露出了图像原先的效果，同时在蒙版中对应的位置也出现了绘制痕迹，如图 10-3-18（a）和（b）所示。

（a）

（b）

图 10-3-18

3.编辑混合选项

通过编辑混合选项不仅能改变滤镜的不透明度，而且还可以让滤镜效果与原图像效果进行混合，其操作方法如下：

（1）双击智能滤镜名称后面的图标，如图
10-3-19 所示。

图 10-3-19

（2）在弹出的"混合选项"对话框中可以选择"模式"或设置"不透明度"，如图 10-3-20
所示。

图 10-3-20

4.删除智能滤镜

当不再需要智能滤镜时，可以将智能滤镜删除。删除智能滤镜分为两种，一种是删除单个智能滤镜，一种是删除所有智能滤镜。

（1）如果要删除一个智能滤镜，可直接在该滤镜名称上单击鼠标右键，在弹出的菜单中选择"删除智能滤镜"命令，如图 10-3-21 所示。

（2）如果要删除所有的智能滤镜，则可以在智能滤镜上单击鼠标右键，在弹出的菜单中选择"清除智能滤镜"命令，如图 10-3-22 所示。

图 10-3-21　　　　　图 10-3-22

10.4　应用滤镜

前面介绍了滤镜的使用和编辑操作，本节将介绍一些滤镜的具体应用，看看它们各自都能表现什么样的效果。当然，应用滤镜时可以同通道、图层等联合使用，而不只是单一地使用一种滤镜功能。

10.4.1　"动感模糊"滤镜

使用动感模糊滤镜可以制作出汽车飞驰的动感效果，但如果只是简单地运用动态模糊滤镜，容易导致整个画面上所有的物体都产生动态模糊效果。那么如何避免这个问题呢？本例的操作方法用户可以借鉴一下。

（1）按"Ctrl+O"组合键打开素材中的"汽车"文件，如图 10-4-1 所示。

图 10-4-1

（2）选择"魔棒工具"，在其选项栏中单击"新选区"按钮，设置"容差"为32。

（3）移动鼠标指针到画面的白色空白处单击，再按"Ctrl+Shift+I"组合键，反向将汽车图像用选区选中。

（4）按"Ctrl+J"组合键将图像复制并粘贴到一个新的图层中，如图 10-4-2 所示。

图 10-4-2

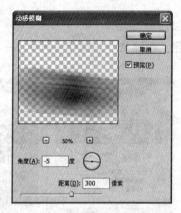

图 10-4-3

（5）选择菜单栏中的"滤镜／模糊／动感模糊"命令，打开"动感模糊"滤镜对话框。调整动感模糊的角度，使这个角度与汽车的运动方向相一致，接着设置"距离"参数值为300像素，如图10-4-3所示。

图 10-4-4

（6）单击"确定"按钮，应用"动感模糊"滤镜，效果如图10-4-4所示。

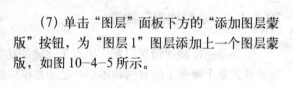

图 10-4-5

（7）单击"图层"面板下方的"添加图层蒙版"按钮，为"图层1"图层添加上一个图层蒙版，如图10-4-5所示。

图 10-4-6

（8）选择"画笔工具"，在选项栏中设置"不透明度"和"流量"，使用黑色在前车身及其周围的位置进行涂抹，使其变得清晰。至此，一辆高速飞驰的汽车效果就制作出来了，如图10-4-6所示。

10.4.2　"液化"滤镜快速瘦身瘦脸（修出完美体形和脸形）

　　"液化"滤镜是修饰图像和创建艺术效果的强大工具。在"液化"对话框中使用相应的工具，可以推、拉、旋转、反射、折叠和膨胀图像的任意区域，使图像产生特殊的扭曲效果。

　　由于"液化"滤镜的出现，使明星杂志照都拥有完美曲线，本节就利用"液化"滤镜为大尺寸模特快速瘦身瘦脸，修出完美体形和脸形，修片前后的效果对比，如图10-4-7所示。

图 10-4-7

（1）打开素材文件，选择菜单命令"滤镜／液化"，打开液化对话框，单击左侧"冻结蒙版工具"，在右侧设置"画笔大小"后，在需要保护的区域拖动，绘出红色冻结蒙版，该区域将不受液化滤镜变形的影响。选择"解冻蒙版工具"，可以再在红色冻结区域涂抹以解除该区域的保护。

（2）在液化对话框左侧单击"向前变形工具"，在右侧设置"画笔大小"，在需要修饰的腰部和腿部单击并向内推，如图 10-4-8 所示。按[键缩小笔头，按]键放大笔头。

图 10-4-8

如果效果不满意，可以单击"重建工具"，在不满意的地方涂抹，恢复该部分的液化。为了观察细节，可以使用对话框中"缩放工具"放大或缩小预览图像。

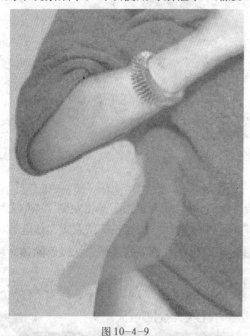

图 10-4-9

（3）用同样的方法，单击左侧"冻结蒙版工具"，在修改好的腰部涂抹，以便在调整时，不会对其造成干扰。单击"向前变形工具"，将手臂缩窄，如图 10-4-9 所示。

（4）在左侧单击"缩放工具"，放大面部预览图像，如图 10-4-10 所示。

图 10-4-10

（5）单击"向前变形工具"，将额头和头发向上推，拉宽额头；在面颊骨外侧向内推，在两腮处向内推，将脸部变窄；在下巴处向下推，拉长脸形，流行的锥形脸如图 10-4-11 所示，单击"确定"按钮，完成操作。

图 10-4-11

10.5 实例：人物去斑美白

本节实例讲解使用 Photoshop 给人物去斑美容美白提亮，效果如图 10-5-1 所示。

原图

去斑美白效果

图 10-5-1

主要思路是使用"画笔修复工具"，去除班点，通过复制"蓝"通道后得到 Alpha1 通道，然后通过"高反差保留"滤镜，使图像中的色斑更加突出，并对图象进行计算，然后将 Alpha1 通道选区载入，对选区反选，运用曲线调整图像，完成最终效果。

（1）打开素材文件，小女孩面上有很多色斑，在工具箱中单击"污点修复画笔工具" ，在斑点处点击涂抹，给人物脸部去斑，效果如图 10—5—2 所示。

提示：

根据班点的大小，按[和]键，缩小和放大画笔大小。由于斑点较多，这是一个较长时间的细致工作。

图 10—5—2

（2）在图层面板中按快捷键"Ctrl+J"复制背景图层，单击通道选项卡，在通道面板中单击蓝通道，该通道中斑点最突出，右击"蓝"通道，在弹出的菜单中选择"复制通道"，创建"蓝副本"通道，如图 10—5—3 所示。

（3）选择菜单命令"滤镜／其他／高反差保留"，设置半径为5，如图 10—5—4 所示。单击"确定"按钮。

图 10—5—3

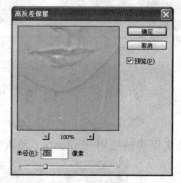

图 10—5—4

（4）在工具箱中单击前景色色块，在图中灰色区域单击，吸取这个颜色，在工具箱中单击"画笔工具" ，将眉毛、眼睛和嘴处涂抹，如图 10—5—5 所示。

图 10—5—5

(5) 选择菜单命令"图像/计算","混合"模式选择"强光",单击"确定",确定后生成 Alpha1 通道图像,如图 10-5-6 所示。

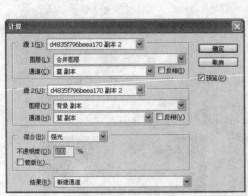

图 10-5-6

(6) 在通道面板下端,单击"载入选区"按钮🔲,载入 Alpha1 通道选区,如图 10-5-7 所示。

图 10-5-7

(7) 选择菜单命令"选择/反向",反向选择,如图 10-5-8 所示。

图 10-5-8

(8) 单击 RGB 通道左侧框,显示出"显示"按钮👁,单击 Alpha1 通道左侧"显示"按钮👁,隐藏该通道,如图 10-5-9 所示。

(9) 单击"图层"面板选项卡,单击面板下面"调整图层"按钮🔘,在弹出的菜单中选择"曲线",为选区创建一个曲线调整图层,如图 10-5-10 所示。

图 10-5-9   图 10-5-10

（10）调整曲线，即可为选区图像提亮，如图 10-5-11 所示。

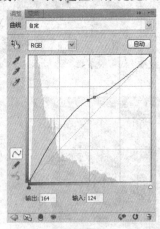

图 10-5-11

（11）单击"图层"面板选项卡，单击面板下面"调整图层"按钮，在弹出的菜单中选择"自然饱和度"，创建一个自然饱和度调整图层，调整参数，使颜色更加鲜艳，如图 10-5-12 所示。

图 10-5-12

（12）按快捷键"Ctrl+Alt+Shift+E"，将处理后的效果盖印到新的图层上，如图 10-5-13所示。

（13）使用一种选择工具，选择眼睛区域，选择菜单命令"滤镜／锐化／USM 锐化"，设置如图 10-5-14 所示。

图 10-5-13

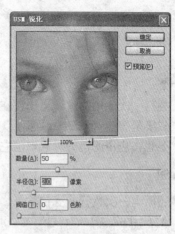

图 10-5-14

（14）单击"确定"，原来模糊的眼睛锐化后眼睛更加清澈，如图 10-5-15 所示。

图 10-5-15

（15）按快捷键"Ctrl+Alt+Shift+E"，盖印图层，混合模式选择"滤色"，如图 10-5-16 所示。提高图像的亮度，完成美容修饰。

图 10-5-16

10.6 小 结

本章学习了滤镜的使用、编辑以及应用。通过本章的学习，读者对滤镜有了一定的认识，并能使用它们制作各种特效。Photoshop 中的滤镜有很多种，学习滤镜的最好办法就是去尝试，但也不能过分依赖滤镜功能，而忽略了设计师的创造性。

10.7 练 习

一、填空题

(1) 最后一次使用的滤镜会出现在滤镜菜单的————位置。

(2) 只要是智能对象————都可以使用智能滤镜。

(3) 要想在应用滤镜的时候取消它，可以按————键。

二、选择题

(1) 还原上一次执行的滤镜效果，可以按组合键"————"。
　　A.Ctrl+Z　B.Ctrl+F　C.Ctrl+Alt+F　D.Ctrl+T

(2) 要想重新应用最近使用过的滤镜以及它最后的数值，可以按组合键"————"。
　　A.Ctrl+Z　B.Ctrl+F　C.Ctrl+Alt+F　D.Ctrl+B

(3) 要想显示最后一个应用滤镜的对话框，可以按组合键"————"。
　　A.Ctrl+Z　B.Ctrl+F　C.Ctrl+Alt+F　D.Ctrl+R

三、问答题

(1) 滤镜的默认位置在哪儿？

(2) 简述智能滤镜的特点。

(3) 如果应用的滤镜效果过于强烈，用什么办法可以减弱它的效果？

第11章 动作和3D

动作可以简化图像编辑步骤，提高工作效率，使某些繁琐的重复性工作变得简单易行。3D则是Photoshop CS5版本新增加的功能，现在用户在Photoshop中即可创建3D模型、赋予材质了，下面分别对它们进行讲解。

11.1 动　作

为了高效地完成一些重复性工作，Photoshop为用户提供了"动作"功能。在使用动作之前，必须经过一系列录制过程——创建动作，这样以后再遇到同样的工作时，只需单击一下"播放"按钮或按一个组合键就能完成这项工作。

11.1.1 录制动作

动作是指在单个文件或一批文件上执行的一系列任务，如菜单命令、面板选项、工具动作等。使用动作是为了图像处理实现自动化，在大批量处理相同操作效果的图像时，就可以使用动作了。例如将一批图片改变大小、将其彩色图像改为灰度图、应用效果等操作，可以将这一系列的操作录制成一个动作，然后对其他的图像应用相同的操作，可以节约操作时间，提高工作效率。

（1）打开素材文件，如图11-1-1所示。

图11-1-1

（2）在"动作"面板中单击"创建新组"按钮 ，打开"新建组"对话框并命名新组，如图11-1-2所示。单击"确定"按钮。在记录动作前新建一个组，是为了避免与Photoshop中自带的动作混淆。

图11-1-2

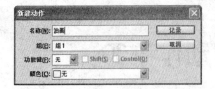

图 11-1-3

（3）单击"动作"面板底部的"创建新动作"按钮 ，打开"新建动作"对话框，并对动作名称进行命名，如图11-1-3所示。

对话框中各选项的含义如下：

"名称"：在此项右侧的文本框中可输入新动作的名称，本例输入的名称为"油画"。

"组"：在此项中可以指定将当前动作放入的某个组。单击右侧的下拉按钮，会弹出所有组的名称。

"功能键"：用于选择执行动作功能时的组合键。共有11种组合键，从F2～F12。选择其中任意一个功能键，其后的Shift与Control复选项即可选择。功能键与Shift键和Ctrl键组合后可产生44种组合键。

"颜色"：用于选择动作的颜色。此处设置的颜色，只能在显示按钮模式的动作面板中被显示出来。

图 11-1-4

（4）在新建动作对话框中设置完成后，单击"记录"按钮 ，即可进入记录状态。在记录状态下，"记录"按钮呈红色显示，如图11-1-4所示。

（5）使用历史记录艺术画笔工具，在图片上涂抹，并创建选区，使用模糊滤镜，如图11-1-5所示。这一过程，Photoshop会自动记录下来。

图 11-1-5

（6）记录完成后，单击"停止播放／记录"按钮 ，如图11-1-6所示，这个模式转换动作就被成功地记录下来了。

图 11-1-6

提示：
在动作"面板"上如果要更改序列或动作的名称，需双击该序列或动作名称。

11.1.2　播放动作

动作录制完成后，需要播放和使用这个动作，使其他的图像执行相同的操作动作。

（1）打开素材中的"小女孩"文件，如图11-1-7所示。

图 11-1-7

（2）在"动作"面板中选中要执行的动作名称，单击"动作"面板底部的"播放"按钮 ▶，这样就可以迅速地对一张图片应用选择的动作，如图11-1-8所示。

可以看到应用的动作中，只有选区和模糊滤镜产生了作用，虽然动作中记录了画笔的选择，但画笔的涂抹动作并未记录下来。所示动作的记录有一定的范围。

图 11-1-8

为了方便操作，在执行动作时，可将动作面板中的动作转换成按钮模式。这样在执行该动作时，只需单击一下按钮即可。

图 11-1-9

要想将动作面板中的动作转换成按钮模式，单击"动作"面板右上角的"菜单"按钮，在弹出的面板菜单中选择"按钮模式"命令即可，如图 11-1-9 所示。

图 11-1-10

转换后的"动作"面板如图 11-1-10 所示。

提示：

在按钮模式下执行动作时，Photoshop 会执行动作中所有记录的命令，即使该动作中有些命令被关闭，也仍然会被执行。

此外，在播放动作时，经常会弹出一个对话框，告诉用户当前命令不可用等信息。造成这个问题的原因是播放动作的速度太快，计算机无法及时判断出错的根源。用户可以根据需要随时改变动作的播放速度。

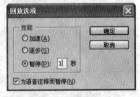

图 11-1-11

单击"动作"面板右上角的"菜单"按钮，从弹出的下拉菜单中选择"回放选项"命令，打开"回放选项"对话框，如图 11-1-11 所示。

在"性能"选项组中有 3 个单选按钮，其含义分别是：

"加速"：选择此单选按钮，播放速度最快，也是 Photoshop 默认的选项。

"逐步"：选择此单选按钮，会一步一步地播放动作中的命令。

"暂停"：选择此单选按钮，可以在后面的文本框中输入暂停的时间，范围为 1～60 秒。播放动作时会在每一步作暂停，暂停时间由文本框内的数值决定。

勾选"为语音注释而暂停"复选框，在遇到有语音注释的命令时暂停。

(a) 同时选择多个连续动作 (b) 同时选择多个不连续动作

图 11-1-12

提示：

在 Photoshop 中可以同时播放多个动作。方法是：按住 Shift 键并单击，可在同一个组中同时选中多个连续的动作；按住 Ctrl 键并单击，可在同一个组中同时选中多个不连续的动作，如图 11-1-12 (a) 和 (b) 所示。播放多个连续或不连续的组，其选择方法与选择多个动作的方法一样。

11.1.3 编辑动作

编辑动作可以避免播放动作时的一些麻烦，如不希望弹出某个对话框，或需要增加一个信息提示等；或在录制过程中出现错误，需要删除某个动作或增加某些操作等。

在讲解编辑动作前，还需要对"动作"面板上各个按钮功能和图标的含义进行了解。

（1）按"Alt+F9"组合键快速打开"动作"面板，打开一个已经录制好的动作进行学习，如图11-1-13所示。

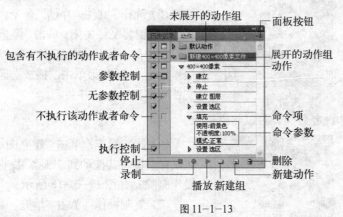

图 11-1-13

包含有不执行的动作或命令：显示此图标表示这个动作组或者某个动作中有不执行的动作或者命令。

参数控制：显示此图标表示动作播放到这里会停止，并让用户输入参数或进行其他控制。

无参数控制：此项表示播放动作时将没有阻碍，连续播放。

不执行该动作或命令：此项表示播放动作时不执行该动作或命令。

执行控制：显示此图标表示执行该命令。

（2）单击"停止"命令前面的"√"号，使其隐藏，如图11-1-14所示。这样在播放动作的时候就不会执行该动作。

图 11-1-14

还可以在播放录制动作的时候更改一下填充的颜色。

（3）单击"填充"命令前面的空白处，使其出现"参数控制"图标，如图11-1-15所示。这样，动作播放到这里会停止，并弹出对话框让你重新设置颜色。

图 11-1-15

如果想为录制的动作再增加某些操作，比如想把新建的文件直接存储起来，可按下面的操作进行。

图 11-1-16

图 11-1-17

（4）选择"400 像素×400 像素"动作中的最后一个命令，并单击"开始记录"按钮，如图 11-1-16 所示（增加操作前）。

（5）选择"文件／存储"命令，再按"Ctrl+W"组合键将文件关闭，单击"停止记录"按钮，此时动作面板的状态如图 11-1-17 所示（增加操作后）。这时如果单击"播放选区"按钮 ▶，文件将被自动存储并关闭。

如果不需要某个动作或者命令，可以将它删除。

图 11-1-18

图 11-1-19

（6）删除操作：单击"建立图层"命令，按住鼠标左键将其拖动到"删除"图标上即可将此操作删除，如图 11-1-18 所示。

（7）复制操作：单击"填充"命令，按住鼠标左键并将其拖动到"创建新动作"图标上，如图 11-1-19 所示，此时即可复制这个操作。

（8）单击"播放选区"按钮 ▶，这时将弹出两次填充对话框，在对话框中选择一种图案，单击"确定"按钮，图像效果如图 11-1-20 所示。

图 11-1-20

提示：
以上所讲的内容只涉及到部分动作的编辑操作。

11.1.4　使用 Photoshop 中的自带动作

本例使用 Photoshop CS5 中的预置动作，并使用软件中自带的动作为图像制作一个暴风雪的效果。

（1）按"Ctrl+O"组合键打开素材中的"江边"文件，如图11-1-21所示。

图11-1-21

（2）选择菜单中的"窗口／动作"命令，或按"Alt+F9"组合键快速打开"动作"面板，如图11-1-22所示。

图11-1-22

（3）单击"动作"面板右上角的"菜单"按钮，从弹出的下拉菜单中选择"图像效果"命令，如图11-1-23所示。

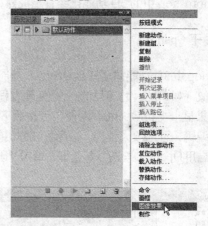

图11-1-23

（4）此时"图像效果"动作组被调出来了。单击"图像效果"动作组前面的"三角"按钮，展开此动作组，如图11-1-24所示。

（5）单击"图像效果"动作组中的"暴风雪"动作，并单击"动作"面板底部的"播放"按钮 ，如图11-1-25所示。

图11-1-24

图11-1-25

图 11-1-26

(6) 此时便为图像添加了暴风雪效果, 如图 11-1-26 所示。

11.2　3D

在 Photoshop CS5 版本中, 用户不仅可以打开和处理由 3D Max、Maya 以及 Google Earth 等程序创建的 3D 文件, 而且还可以在 Photoshop 中独立创建 3D 模型、渲染和输出三维模型及贴图。如今 Photoshop 中的 3D 功能已经日趋成熟, 变得越来越强大了。

11.2.1　关于 OpenGL

Photoshop 中 3D 功能需要开启 OpenGL 功能。OpenGL 是一种软件和硬件标准, 可在处理大型或复杂图像 (如 3D 文件) 时加速视频处理过程。不过使用 OpenGL 功能需要显卡支持 OpenGL 的标准, 如果显卡支持 OpenGL 功能, 可按照下面的方法将其启用:

选择 "编辑 / 首选项 / 性能" 命令, 在弹出的 "首选项" 对话框中勾选右侧 "GPU 设置" 选项组中的 "启用 OpenGL 绘图" 复选框, 单击 "确定" 按钮即可启用 OpenGL 绘图功能, 如图 11-2-1 所示。

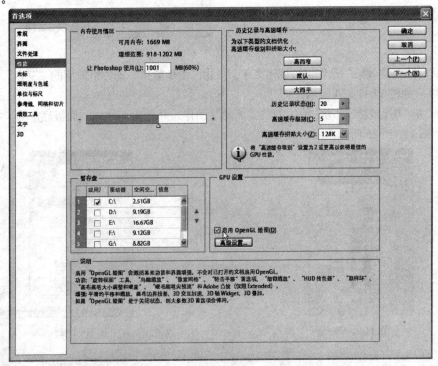

图 11-2-1

提示：

如果显卡不支持OpenGL的标准，则不能勾选"启用OpenGL绘图"复选框，需要升级显卡驱动程序或重新更换新的显卡。

11.2.2 平面地图创建3D球体

从2D图像创建3D图像就是将一幅平面图像作为起始点来创建3D图像。

（1）打开世界地图素材，此时图像效果和"图层"面板状态如图11-2-2（a）和（b）所示。

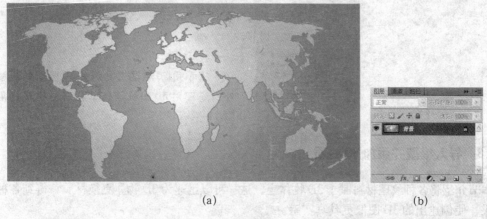

(a)   (b)

图11-2-2

（2）选择菜单命令"3D/从图层新建形状"，此时平面地图包裹为一个球体，并且"图层"面板中的平面图层被转换为3D图层，如图11-2-3所示。

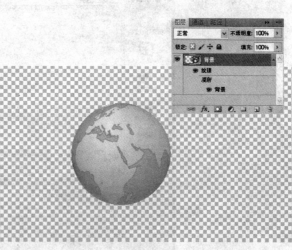

图11-2-3

（3）选择工具箱中的"3D对象旋转工具"，移动鼠标指针到窗口内并按住鼠标左键拖动，此时可以旋转这个3D图像，如图11-2-4所示。

图 11-2-4

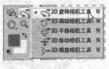

图 11-2-5

提示:

除了用3D观察工具调整3D图像的观察角度外,还可用3D相机调整工具调整观察视角,如图 11-2-5 所示。

11.2.3 导入模型并添加3D材质

本节介绍将各种纹理材料赋予3D物体上,这样可以迅速为3D物体更换材质,得到各种不同的效果,使创建出的3D图像更具真实感。

(1) 新建一个图形文件,选择菜单命令"3D/从3D文件新建图层",打开对话框,选择文件类型为3DS,选择文件"餐桌椅.3ds",如图 11-2-6 所示。

图 11-2-6

(2) 单击"打开"按钮,模型被导入一个新3D图层中,如图 11-2-7 所示。

图 11-2-7

（3）选择工具箱中的"3D 对象旋转工具" 旋转 3D 图像观察角度，如图 11-2-8 所示。

图 11-2-8

（4）选择菜单命令"窗口/3D"，打开 3D 场景面板，单击材质名称"vray_23___Defaul"，下面显示出该材质的设置，单击漫射右侧的按钮 ，在弹出的菜单中选择"输入纹理"，如图11-2-9 所示。

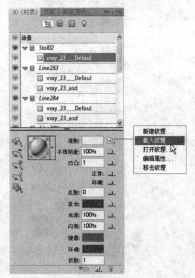

图 11-2-9

（5）打开对话框，选择木纹图片，如图 11-2-10 所示。

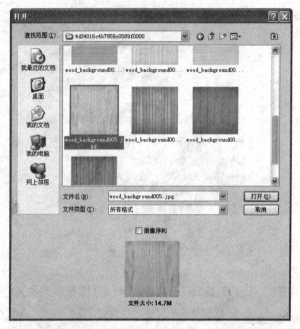

图 11-2-10

（6）单击"打开"按钮，模型中应用了该材质的部分显示出木纹图案，如图 11-2-11 所示。

图 11-2-11

（7）此时在 3D 场景面板中，材质"vray_23___Defaul"显示新的纹理图案设置，如图 11-2-12 所示。

图 11-2-12

（8）选择菜单命令"窗口 /3D"，打开 3D 场景面板，单击材质名称"vray_23_asd"，下面显示出该材质的设置，单击漫射右侧的按钮，在弹出的菜单中选择"输入纹理"，打开对话框，选择花布图片，如图 11-2-13 所示。

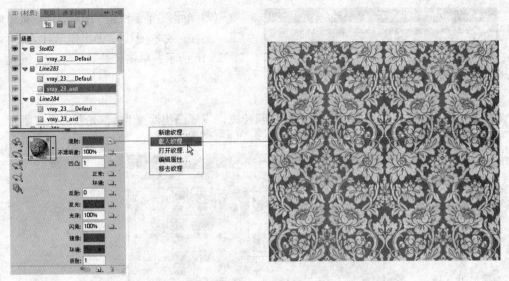

图 11-2-13

（9）单击"打开"按钮，模型中应用了该材质的部分显示出花布图案，如图11-2-14所示。

11.2.4　三维文字

除了创建模型以外，还可以为文字图层创建三维效果，立体文字用Photoshop制作很方便。

图 11-2-14

（1）打开素材文件，在工具箱是单击"横排文本字工具" T，选择"迷你卡通简"字体，创建文字"圣诞快乐"，在选项栏中单击"变形"工具按钮，弹出变形文字对话框，选择"波浪"样式，在选项栏中单击"提交当前所有编辑"按钮，创建文字完成，如图11-2-15所示。

图 11-2-15

（2）单击"圣诞快乐"图层，选择菜单命令"3D／凸纹／文本图层"，弹出提示对话框，如图11-2-16所示。单击"是"。

图 11-2-16

（3）弹出凸纹对话框，选择第一个凸纹形状预设，设置凸出深度为1，光照选择"蓝光"效果，如图11-2-17所示，其他使用默认值，单击"确定"按钮。

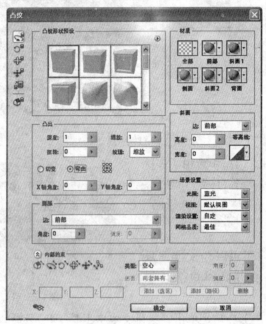

图 11-2-17

（4）此时平面文字创建为三维立体文字，文字图层转换为3D图层，如图11-2-18所示。

图 11-2-18

（5）此时可以使用"3D 对象旋转工具"，旋转视图改变立体文字观察角度，如图 11-2-19 所示。

图 11-2-19

（6）默认场景有三个灯光，单击一个灯光，下面会显示出该灯光的参数设置，如图 11-2-20 所示。提高亮度或选择预设灯光，都可以改变三维文字的光照效果。

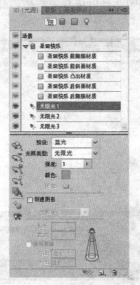

图 11-2-20

11.2.5 导出 3D 图层和存储 3D 文件

前面已经讲了如何创建 3D 模型和为模型添加材质，那么如何保存这些文件，以及将创建的 3D 模型输出成其他三维软件能够处理的格式呢？下面分别进行介绍。

1.导出 3D 图层

导出 3D 图层可以将创建的 3D 模型和处理的贴图再次导出为三维格式，提供给 Maya、3ds Max 等其他的软件，以进行更进一步的合成或渲染操作。

（1）继续接上例进行操作。移动鼠标指针到 3D 图层上并单击鼠标右键，从弹出的快捷菜单中选择"导出 3D 图层"选项，如图 11-2-21 所示。

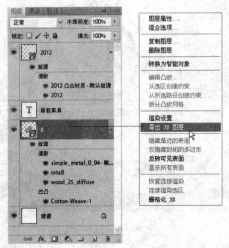

图 11-2-21

（2）从弹出的"存储为"对话框中选择好保存位置后，在"格式"下拉列表中选择一种格式，如图 11-2-22 所示。

图 11-2-22

提示：

只有 Collada DAE 会存储渲染设置。

U3D 和 KMZ 支持 JPEG 或 PNG 作为纹理格式。

DAE 和 OBJ 支持所有 Photoshop 支持的用于纹理的图像格式。

（3）单击"保存"按钮，在随即弹出的"3D
导出选项"对话框中保持默认的"原始格式"选
项，如图11-2-23所示。

图11-2-23

（4）单击"确定"按钮，即可导出三维模型文件"*.obj"和材质文件"*.mtl"。

2.存储3D文件

如果不想导出为三维格式文件，用户也可以将3D文件保存起来，但只能保存3D模型的位置、
光源、渲染模式和横截面，并且要以PSD、PSB、TIFF或PDF格式储存。

要存储3D文件，选择"文件/存储为"命令，从弹出的"存储为"对话框中选择相应的格式
选项，并单击"保存"按钮即可。

11.3 实例：易拉罐包装

有了3D功能，制作某些包装效果就更加方便了。本例针对本章所学的知识进行设计，主要运
用了创建模型、替换材料、载入贴图和改变光源强度等知识，目的是展示Photoshop中的三维制
图功能以及巩固本章知识。

（1）按"Ctrl+N"组合键打开"新建"对话框，在"名称"后面的文本框中输入"易拉罐包
装"文字，设置"宽度"为500像素，"高度"为400像素，"分辨率"为72像素/英寸。

（2）单击"确定"按钮，新建一个空白文件。
单击"图层"面板底部的"创建新图层"按钮，
新建一个"图层1"图层，如图11-3-1所示。

图11-3-1

（3）选择"3D/从图层新建形状/易拉罐"
命令，创建一个易拉罐模型，如图11-3-2所示。

图11-3-2

（4）选择工具箱中的"3D对象比例工具"，移动鼠标指针到模型上，按住鼠标左键并向下拖
动，将易拉罐稍稍缩小，如图11-3-3所示。

（5）单击"3D"面板中的"场景"按钮，再选择其下的"盖子材质"，之后选择材质面板菜
单中的"替换材料"命令，如图11-3-4所示。

提示：

或者在菜单中选择"替换材质"，在随即弹出的"载入"对话框中选择材质文件，如图11-3-

5所示。单击"载入"按钮。

图 11-3-3

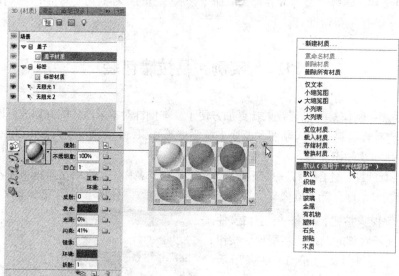

图 11-3-4

图 11-3-5

（6）在材质选择列表中选择一种"拉丝"效果的材质，材质面板中显示了该材质的设置，如图 11-3-6所示。

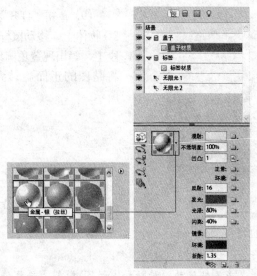

图 11-3-6

（7）此时就将选择的拉丝表面材料赋予到易拉罐上下底盖上了，如图 11-3-7 所示。

图 11-3-7

（8）单击"3D"面板中的"标签材质"，之后再单击"漫射"后面的"纹理映射菜单图标"，并在弹出的下拉菜单中选择"载入纹理"选项，从弹出的"打开"对话框中选择素材中提供的"啤酒贴图"文件，如图 11-3-8 所示。

图 11-3-8

图 11-3-9

（9）单击"打开"按钮，将贴图文件赋予到3D物体上。移动鼠标指针到绿色弯曲的旋转线段上，等出现黄色圆环后按住鼠标左键并拖动，将贴图的正面旋转到正前方，如图11-3-9所示。

提示：

使用3D轴可以沿着 X、Y 或 Z 轴移动、旋转和缩放3D模型，并且移动到不同的部位会按照固定的路径进行移动、旋转和缩放。

图 11-3-10

（10）复制3D图层，并旋转3D物体。最后添加背景图像和商标Logo，完成广告设计，如图11-3-10所示。

提示：

右击3D图层，在弹出的菜单中选择"栅格化3D"，可以将3D模型转化为像素图像，3D图层即可转化为普通图层。

11.4 小 结

本章主要讲解了Photoshop中的动作和3D功能，并对动作的记录、播放以及模型的创建、输出等内容作了介绍。通过本章的学习，用户不仅要学会将动作操作应用到实际工作中，还要学会在Photoshop中使用3D功能。

11.5 练 习

一、填空题

(1) 打开、关闭"动作"面板的快捷键是"＿＿＿"。

(2) 在"动作"面板中，如果序列前面打上黑色☑号，表示＿＿＿＿＿＿。

(3) 在"动作"面板中，如果序列前面的图标▢以红色显示，则表示此序列中只有部分动作或命令设置了＿＿＿操作。

二、选择题

(1) 在"动作"面板菜单中，选择＿＿＿命令，可以改变播放动作时的速度。

　　A.插入菜单项目　B.停止插入　C.动作选项　D.回放选项

(2) 要在"动作"面板中同时选中多个不连续的序列或动作，可配合＿＿＿键。

　　A.Shift　B.Ctrl　C.Alt　D.Tab

(3) 本章介绍了＿＿＿种创建 3D 图像的方法。

　　A.1　B.2　C.3　D.4

三、问答题

(1) 在记录动作之前新建动作组的目的是什么？

(2) 如何启用 OpenGL 功能？

(3) 如何输出成三维模型和贴图以供其他三维软件继续使用？

四、上机操作

为沙发模型指定材质，并制作三维文字，如图 11-5-1 所示。

图 11-5-1

读书笔记

年　月　日

第12章 打 印

处理完图片或设计完作品便可以通过打印机打印图像了。本章将介绍打印机的设置、打印选项的设置以及打印等与打印相关的内容，使用户学会打印图像文件。

12.1 设置打印机

在打印之前，用户需要将打印机与计算机相连接，并安装打印机的驱动程序。下面介绍如何添加和选择打印机，使打印机能够正常工作。

12.1.1 添加打印机

要添加打印机，单击"开始/打印机和传真"，在弹出的"打印机和传真"对话框左侧的"打印机任务"选项组中选择"添加打印机"，然后按照"添加打印机向导"中的步骤执行即可，如图 12-1-1 所示。

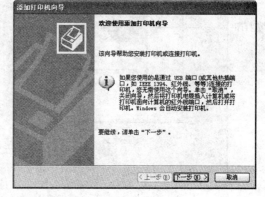

图 12-1-1

12.1.2 选择打印机

在多数 Windows 系统中选择打印机，一般执行"开始/设置/打印机"命令。右击选定的打印机，在弹出菜单中选择"设为默认打印机"。

在 Windows XP 下，选择"开始/控制面板"菜单命令，选择"打印机和传真"，双击想要使用的打印机，然后在出现的窗口中选择"打印机/设为默认打印机"命令即可，如图 12-1-2 所示。

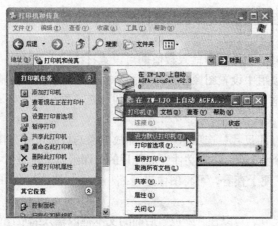

图 12-1-2

12.2　设置页面和打印选项

设置页面和打印选项可以设置打印纸张的大小、打印方向、打印标记等影响打印效果的设置，下面分别进行介绍。

12.2.1　基本设置选项

基本设置选项包括设置打印机选择、打印的份数、位置、尺寸等内容。

（1）打开素材图像，选择菜单命令"文件／打印"，弹出"打印"对话框，如图12-2-1所示。

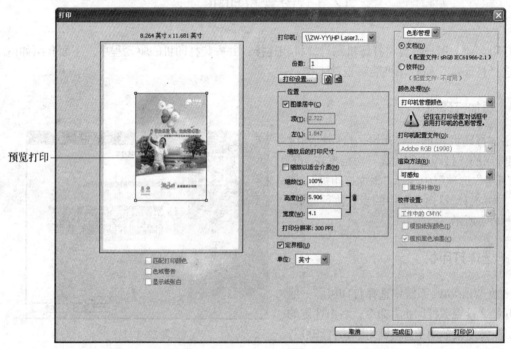

图12-2-1

在对话框中可以观察图像打印预览效果并设置打印机选项，打印份数、页面设置、输出选项和色彩管理选项。

（3）在"打印机"右侧显示的是默认打印机名称，单击下拉按钮，可以在列表中选择其他打印机。

（4）在"份数"右侧的文本框中输入数值即可设置打印的份数。

（5）在"位置"选项组中设置图像在打印页面中的位置。要使图像输出在页面的中央，需要勾选"图像居中"复选框，如果不勾选此复选框，则可在"顶"和"左"两个文本框中设置图像在打印页面中的位置。

（6）在"缩放后的打印尺寸"选项组中设置缩放图像的打印尺寸。在打印时经常会出现这种情况：设计的内容是一个A3纸大小的文件，而使用的打印纸张大小是A4纸，那么此图像需要打印在两张A4纸上。为了便于查看，可将图像进行缩小打印，使A3纸大的文件能够在A4纸上打印出来。

要缩放图像的打印尺寸，可以在"缩放"后面的文本框内输入缩放比例，或在"高度"和"宽度"文本框中输入相应的高度和宽度值。设置后的结果将立刻显示在对话框左侧的预览框中。

勾选"缩放以适合介质"复选框,图像将以最合适的打印尺寸显示在打印区域。

勾选"定界框"复选框,在预览窗口内会显示定界框,并可调整图像的大小和位置。

(6) 单击"单位"右侧的下拉按钮,在其中可以选择英寸、厘米、毫米、点、派卡 5 种单位选项。

12.2.2　页面设置

设置页面即设置纸张大小、纸张来源、打印方向以及页边距等。

(1) 在"打印"对话框中,在"打印设置"按钮右侧有"纵向"和"横向"打印方向选择按钮。

(2) 单击"打印设置"按钮,弹出对话框,如图 12-2-2 所示,默认的打印纸张为 A4,可选择其他打印纸张,例如 A6。

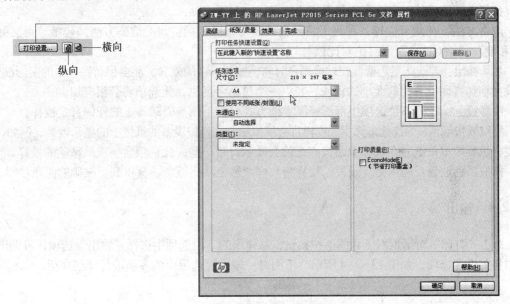

图 12-2-2

(3) 单击"确定"按钮,完成页面设置。

12.2.3　色彩管理

在打印输出时,色彩管理非常重要。通过有针对性地为图像配置颜色文件,正确选择色彩,有利于使显示器颜色和打印颜色达到最大程度的统一。

如果没有针对打印机和纸张类型进行色彩管理,而是让打印机驱动程序来处理颜色转换,打印输出结果可能出现失真的情况,而进行色彩管理可尽量避免这种情况。

在打印对话框右侧,"色彩管理"选项中显示色彩管理的相关设置选项,如图 12-2-3 所示。

文档:选择此单选按钮可以在下面的选项中为文档设置颜色配置。

校样:选择此单选按钮可以在下面的选项中为文档设置颜色校样。

颜色处理:在此下拉选项中可选择"打印机管理颜色"、"Photoshop 管理颜色"、"分色"和"无色彩管理"几项来进行颜色处理。

图 12-2-3

打印机配置文件：在此可选择适用于打印机的配置文件。

渲染方法：在此可选择一种用于将颜色转换为目标色彩空间的渲染方法。包括"可感知"、"饱和度"、"相对比色"和"绝对比色"。

黑场补偿：勾选此复选框，在转换颜色时将调整黑场中的差异。将会保留图像中的阴影细节。如果文档和打印机有相似大小的色域，其中一个黑色会更黑，此选项将会很有用。

校样设置：在此下拉选项中可选择以本地方式存在于硬盘驱动器上的任何自定校样。

模拟纸张颜色：勾选此复选框，校样将会模拟颜色在模拟设备的纸张上的显示效果。例如，如果校样想要模拟报纸，在校样中图像高光就会显示得暗一些。此选项会生成最精确的校样。

模拟黑色油墨：勾选此复选框，校样将会模拟黑色油墨颜色。会得到更准确的深色校样。

12.2.4 输出

单击"打印"对话框右上角的下拉按钮，从弹出的下拉选项中选择"输出"选项，可调出输出的相关设置选项，如图 12-2-4 所示。下面对"输出"选项中的各项进行详细介绍。

图 12-2-4

校准条：勾选此复选框，可以打印 11 级灰度，即按 10% 的增量从 0% 到 100% 改变浓度值。对于 CMYK 分色，渐变校正色标将打印在每个 CMYK 印版的左侧，连续颜色条打印在右侧，如图 12-2-5 所示。校准条的功能是保证所有的阴影都清楚、准确。如果阴影不是很明显，说明输出设备没有得到正确的调校，打印机的颜色设置出了毛病，需要专业人员来修理。

　　套准标记：勾选此复选框，可在图像四周打印出 ⊕ 形状的对准标记，如图 12-2-6 所示。套准标记在进行分色打印时是必需的；它们提供的信息保证了青、洋红、黄和黑色打印版的精确性。

图 12-2-5

图 12-2-6

　　角裁剪标志：勾选此复选框，可在图像 4 个角上打印出 8 条很细的标记线，每个角两条，作为对打印后图像进行精确裁剪时的依据线，如图 12-2-7 所示。

　　中心裁剪标志：勾选此复选框，可在图像四周中心位置打印出中心裁切线，以便对准图像中心，如图 12-2-8 所示。

图 12-2-7

图 12-2-8

　　说明：勾选此复选框，可将文件描述打印出来（注意：该描述为"文件简介"命令对话框中设定的描述，并非图像文件标题）。

　　提示：

　　只有当纸张尺寸比打印图像尺寸大时，才可以打印出校准条、套准标记、裁切标记和标签等内容。

　　标签：勾选此复选框，可打印出图像的文件名称和所在通道名称。

　　药膜朝下：勾选此复选框，可使感光层位于胶片或相纸的背面，即背对着感光层的文字可读。一般情况下，打印在纸上的图像是药膜朝上的，即感光层面对着用户时文字可读。要确定药膜的朝向，可以在亮光下检查，暗的一面是药膜面，亮的一面为基面。药膜的方向，一般由印刷公司来决定。

负片：勾选此复选框，可以输出反相的图像。

插值：该选项用于在打印时自动向上重定像素，减少低分辨率图像的锯齿状外观。

提示：

只有 PostScript Level 2（或更高）的打印机具备插值能力。如果打印机不具备插值能力，则该选项无效。

包含矢量数据：当用户勾选此复选框时，Photoshop 将向打印机发送每个文字图层和每个矢量形状图层的单独图像。这些附加图像打印在基本图像之上，并使用它们的矢量轮廓剪贴。因此，即使每个图层的内容受限于图像文件的分辨率，矢量图形的边缘仍以打印机的全分辨率打印。

背景(R)... ：单击此按钮，会打开"拾色器"对话框，从中选择颜色后可填充到图像以外的部分。该颜色不会对图像产生任何影响，只是作为预览窗口内的背景存在。

图 12-2-9

边界(B)... ：单击此按钮，可打开"边界"对话框，如图 12-2-9 所示。在"宽度"文本框中输入数值可设定边界的宽度，这个边界宽度是指在打印后图像周围加上的边界，对当前屏幕显示的图像无影响，但在预览框中可预览效果。

图 12-2-10

出血(D)... ：单击此按钮，可打开"出血"对话框，如图 12-2-10 所示。在"宽度"文本框中输入数值可设定打印图像的出血宽度。

12.3　实例：打印指定的图层

本例针对本章所学的知识进行设计，主要是向用户展示和介绍 Photoshop 的另一种打印方法——打印指定的图层。打印指定的图层虽然不常使用，但作为 Photoshop 的一种特殊打印方法，用户还是有必要掌握的。

（1）按"Ctrl+O"组合键打开素材中提供的案例文件——"和你一起"，如图 12-3-1 所示。

图 12-3-1

（2）按F7键调出"图层"面板。单击图层组前面的眼睛图标，将其隐藏，如图12-3-2所示。

图 12-3-2

（3）选择"文件／打印"命令，在弹出的"打印"对话框中选择打印机和纸张方向，之后在"缩放后的打印尺寸"中设置打印尺寸，如图12-3-3所示。

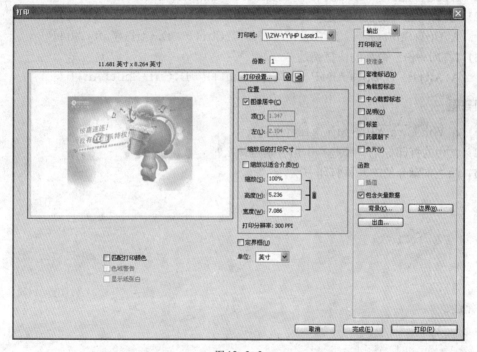

图 12-3-3

（4）单击其右下角的"打印"按钮，即可将显示的图层打印出来。用户在此也可以分别显示不同的图层来进行打印实验。

12.4 小 结

本章介绍了在Photoshop中设置打印机、页面和打印选项等相关打印的知识。通过本章的学习，用户不仅可以更加顺利地完成打印工作，而且还可以确保达到预期的效果。同时，用户还应该知道，打印的效果除了与原始图像的品质有关，还与打印机的配置和所用的纸张有关。

12.5 练 习

一、填空题

(1)"校准条"的功能是＿＿＿＿＿＿＿＿＿＿＿＿＿＿＿＿＿＿＿＿。

(2)"标签"可打印出图像的＿＿＿＿＿＿＿＿和所在通道名称。

(3)只有当纸张尺寸比打印图像尺寸＿＿＿＿时,才可以打印出校准条、套准标记、裁剪标记和标签等内容。

二、选择题

(1)"页面设置"命令的快捷键是"＿＿＿"。

    A.Ctrl+Alt+P   B.Ctrl+P   C.Shift+P   D.Ctrl+Shift+P

(2)"打印"命令的快捷键是"＿＿＿"。

    A.Ctrl+Shift+P   B.Ctrl+Alt+P   C.Ctrl+P   D.Ctrl+Shift+Alt+P

(3)"打印一份"命令的快捷键是"＿＿＿"。

    A.Alt+P   B.Ctrl+Alt+P   C.Ctrl+Shift+P   D.Ctrl+Shift+Alt+P

三、问答题

(1)在 Windows XP 下如何选择打印机?

(2)常用的打印标记有哪些? 作用分别是什么?

(3)简述本章介绍的几种打印方法。

第13章 综合实例

在前面的各章中已经对 Photoshop 中的各个知识点作了介绍，因此本章特意安排了一些综合性的实例，以使用户能对前面所学的知识得到巩固并能综合使用。这些实例在实际生活和工作中都比较常用，希望用户能认真学习。

13.1 婚纱抠图

抠图的方法有很多种，通常抠半透明的物体常使用通道的方法，本节就使用通道抠图法将新娘的半透明婚纱抠出，此方法也同样适用于半透明的其他物体，如玻璃、冰块等。本实例分为两部分：（1）抠取主体模特和发丝（2）抠取半透明婚纱。

（1）打开素材文件，婚纱模特如图 13-1-1 所示。

图 13-1-1

（2）在通道面板中，选择明暗对比高的绿色
通道，如图 13-1-2 所示。

图 13-1-2

(3) 右击绿通道，在弹出的菜单中选择"复制通道"，即可创建"绿 副本"通道，如图13-1-3所示。

图 13-1-3

(4) 选择新建的"绿 副本"通道，选择菜单命令"图像／调整／反相"，使图像反相显示，这时暗的地方就会变亮，头发变成了白色，如图13-1-4所示。

图 13-1-4

(5) 在工具箱中选择"磁性套索工具"选取身体部分，如图13-1-5所示。

图 13-1-5

（6）在工具箱中选择"画笔工具"，将前景色设置为白色，在选区中涂抹白色，如图13-1-6所示。

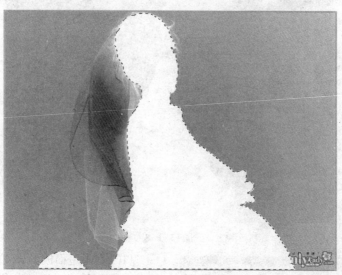

图13-1-6

（7）按快捷键"Ctrl+D"，取消选区。

（8）选择菜单命令"图像／调整／色阶"，移动灰色调滑块，让图像的对比度增大，如图13-1-7所示。单击"确定"按钮。使用其他方法调整对比度也可以。

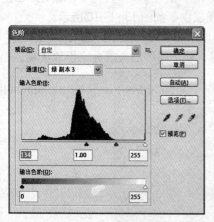

图13-1-7

（9）在工具箱中选择"画笔工具"，将前景色设置为黑色，在不需要显示的地方涂抹黑色，如图13-1-8所示。

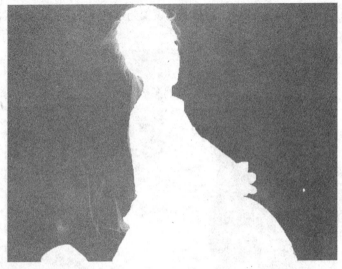

图13-1-8

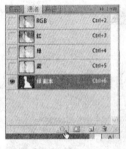

图13-1-9

图13-1-10

（10）在通道面板下端，单击"载入选区"按
钮 ，即可选中通道中白色区域和灰色区域，
如图13-1-9所示。

通道中：白色区域是完全不透明的选区，灰
色区域是半透明的选区，黑色是完成不被选中
的区域。

（11）单击图层选项卡，单击背景图层，按
快捷键"Ctrl+J"，将通道选区中的图像拷贝到
一个新的图层中，如图13-1-10所示。

（12）单击背景图层左侧的"显示"按钮 ，隐藏背景，显示透明背景，可以更好地观察抠取
的图像，如图13-1-11所示，模特连发丝都清晰地抠出来了，但是婚纱的大部分未抠取成功。

图13-1-11

（13）单击背景图层左侧的"显示"框，重新显示背景图像。

（14）单击"通道"选项卡，在通道面板中，再次选择明暗对比高的绿色通道，右击绿通道，在弹出的菜单中选择"复制通道"，即可创建"绿副本 2"通道，如图 13-1-12 所示。

图 13-1-12

（15）在工具箱中选择"磁性套索工具"选取半透明的婚纱部分，如图 13-1-13 所示。

图 13-1-13

（16）选择菜单命令"选择／反向"，反向选择其他区域，在工具箱中选择"画笔工具"，将前景色设置为黑色，在选区中涂抹黑色，如图 13-1-14 所示。

图 13-1-14

（17）按快捷键"Ctrl+D"，取消选区。

（18）在通道面板下端，单击"载入选区"按钮 ⊙ ，即可选中通道中半透明的白色婚纱选区。

（19）单击图层选项卡，单击背景图层，按快捷键"Ctrl+J"，将通道选区中的图像拷贝到一个新的图层中。

（20）单击背景图层左侧的"显示"按钮 ，隐藏背景，显示透明背景，可以更好地观察抠取的婚纱，如图 13-1-15 所示。

图 13-1-15

（21）在工具箱中选择"修补工具"，将右下角的文字删除。

（22）打开一个素材背景图像，复制并粘贴到当前图像中，并在图层面板中将背景图像拖至婚纱图层下面，如图 13-1-16 所示。

图 13-1-16

（23）选择菜单命令"编辑／内容识别比例"，背景图片周围显示出内容识别控制框，单击并向右拖动右侧的控制点，如图 13−1−17 所示。

图 13−1−17

提示：

"内容识别比例"可以调整图像大小并保护内容。可在不更改重要可视内容（如人物、建筑、动物等）的情况下调整图像大小。常规缩放在调整图像大小时会统一影响所有像素，而内容识别缩放主要影响没有重要可视内容的区域中的像素。内容识别缩放可以放大或缩小图像以改善合成效果、适合版面或更改方向。

（24）按 Enter 键，背景图像被拉长，但文字并未变形，如图 13−1−18 所示，完成抠图，可以看到婚纱后半透明地显示出背景图像。

图 13−1−18

13.2 广告设计

　　本例是为玉观音茶叶设计的一幅平面广告。画面中采用了茶园、茶具以及阳光等元素，使画面显得格外清新自然，很好地表现了主题。在技术上，主要使用了"图层混合模式"和"径向模糊"滤镜等功能。

图 13-2-1

　　（1）打开素材"茶园"文件，如图 13-2-1 所示。

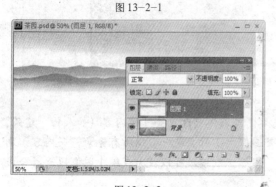

图 13-2-2

　　（2）打开"远山"文件。选择"移动工具"，按住 Shift 键将"远山"图像拖动到"茶园"文件中，如图 13-2-2 所示。

图 13-2-3

　　（3）单击"图层"面板底部的"添加图层蒙版"按钮，在此图层上创建一个图层蒙版，如图 13-2-3 所示。

　　（4）设置工具箱中的前景色为白色，背景色为黑色。选择"渐变工具"，并在其选项栏中选择"前景色到背景色"渐变，"渐变模式"为线性渐变，其他设置如图 13-2-4 所示。

图 13-2-4

(5) 移动鼠标指针到窗口内,按图13-2-5所示的距离和方向拉出渐变,将底下的白色部分隐藏。

图 13-2-5

(6) 单击"图层"面板下方的"创建新图层"按钮,新建一个图层并命名为"薄雾",如图13-2-6所示。

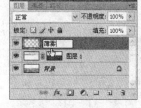

图 13-2-6

(7) 选择"矩形选框工具",在远山和茶园交界的地方创建一个矩形选区。之后单击鼠标右键,从弹出的快捷菜单中选择"羽化"命令,如图13-2-7所示。

图 13-2-7

(8) 在弹出的"羽化选区"对话框中设置"羽化半径"为20像素,如图13-2-8所示。

图 13-2-8

(9) 单击"确定"按钮后,往选区内填充白色,如图13-2-9所示。

图 13-2-9

图 13-2-10

图 13-2-11

（10）按"Ctrl+D"组合键取消选区，并设置"薄雾"的"不透明度"为60%，如图13-2-10所示。

（11）选择"画笔工具"，在其选项栏中设置"画笔"为柔角80像素，其他设置如图13-2-11所示。

（12）按F5键调出"画笔"面板，单击左侧的"形状动态"选项，在"控制"下拉选项中选择"渐隐"，设置参数为25，如图13-2-12所示。

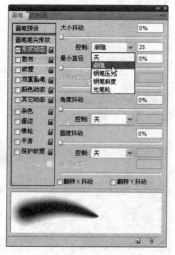

图 13-2-12

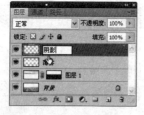

图 13-2-13

（13）单击"图层"面板下方的"创建新图层"按钮，新建一个图层并命名为"阴影"，如图13-2-13所示。

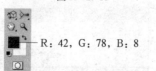

R：42, G：78, B：8

图 13-2-14

（14）设置工具箱中的前景色为绿色（R：42, G：78, B：8），如图13-2-14所示。

（15）按住鼠标左键并拖动，在茶园的每条沟里绘制出绿色渐隐笔触，如图13-2-15所示。

图13-2-15

（16）在"图层"面板中设置"阴影"图层的"不透明度"为40%，"混合模式"为正片叠底，如图13-2-16所示。

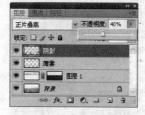

图13-2-16

（17）单击"图层"面板下方的"创建新图层"按钮，在最上方新建一个图层并命名为"阳光"，如图13-2-17所示。

图13-2-17

（18）选择"椭圆工具"，单击"新选区"按钮，并设置"羽化"为15 px，其他设置如图13-2-18所示。

图13-2-18

（19）按住Shift键的同时拖动鼠标，在画面的左上角创建一个正圆选区，之后在其中填充白色，如图13-2-19所示。

图13-2-19

（20）单击"图层"面板下方的"创建新图层"按钮，在最上方再新建一个图层，如图13-2-20所示。

图13-2-20

（21）选择"画笔工具"，在其选项栏中设置"画笔"为尖角30像素，其他设置如图 13-2-21 所示。

图 13-2-21

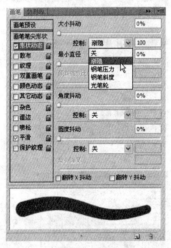

（22）按F5键调出"画笔"面板，单击左侧的"形状动态"选项，在"控制"下拉选项中选择"渐隐"，设置参数为100，如图 13-2-22 所示。

图 13-2-22

（23）设置工具箱中的前景色为白色，按住鼠标左键从左至右拖动，绘制出一条白色渐隐笔触，如图 13-2-23 所示。

图 13-2-23

（24）按"Ctrl+T"组合键进行自由变换，对笔触进行放大和旋转，如图 13-2-24 所示。

图 13-2-24

（25）按 Enter 键确认变换。之后用同样的方法再制作几个大小不一的白色渐隐笔触，各个位置如图 13-2-25 所示。

图 13-2-25

（26）按住 Ctrl 键分别单击各个笔触图层，将它们全部选中，如图 13-2-26 所示。

图 13-2-26

（27）按"Ctrl+E"组合键将选中的图层合并。选择"滤镜／模糊／径向模糊"命令，在弹出的"径向模糊"对话框中选择模糊方法为"缩放"，"数量"为 100，并用鼠标将"中心模糊"移动到左上角，如图 13-2-27 所示。

图 13-2-27

（28）单击"确定"按钮，应用滤镜效果。此时就制作出了阳光照射的效果，如图 13-2-28 所示。

图 13-2-28

（29）设置"图层 2 副本 5"图层的"不透明度"为 70%，降低其透明度，如图 13-2-29 所示。

图 13-2-29

图 13-2-30

图 13-2-31

图 13-2-32

图 13-2-33

图 13-2-34

图 13-2-35

（30）按"Ctrl+E"组合键将当前图层和其下面的"阳光"图层合并，如图 13-2-30 所示。

提示：

按"Ctrl+E"组合键可将当前图层和其下面的一个图层合并，且以下面的图层命名。

（31）单击"图层"面板下方的"创建新图层"按钮，在最上方再新建一个图层并命名为"光圈"，如图 13-2-31 所示。

（32）选择"椭圆工具"，按住 Shift 键的同时拖动鼠标，在画面的左上角创建一个正圆选区，如图 13-2-32 所示。

（33）执行"选择/修改/边界"命令，从弹出的"边界选区"对话框中设置"宽度"为 5 像素，如图 13-2-33 所示。

（34）单击"确定"按钮，在其中填充白色后按"Ctrl+D"组合键取消选区，设置"光圈"图层的"不透明度"为 60%，效果如图 13-2-34 所示。

（35）单击"图层"面板下方的"创建新图层"按钮，在最上方新建一个图层并命名为"光晕"，如图 13-2-35 所示。

（36）选择"椭圆工具"，按住 Shift 键的同时拖动鼠标，在画面的左上方创建一个正圆选区并填充白色，如图 13-2-36 所示。

图 13-2-36

（37）按"Ctrl+D"组合键取消选区，设置"光晕"图层的"不透明度"为30%。之后再复制一个图层，并将其向右下方稍稍移动，制作出光晕的效果，如图 13-2-37 所示。

图 13-2-37

（38）按住 Ctrl 键分别单击"光晕"、"光圈"和"阳光"图层，将它们全部选中。之后单击图层面板菜单，并从弹出的菜单中选择"从图层新建组"命令，如图 13-2-38 所示。

图 13-2-38

（39）在随即弹出的"从图层新建组"对话框中输入"名称"为阳光，其他设置保持默认状态，如图 13-2-39 所示。

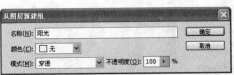

图 13-2-39

（40）单击"确定"按钮，将 3 个图层放到图层组中，如图 13-2-40 所示。

图 13-2-40

图 13-2-41

(41) 按 "Ctrl+O" 组合键打开素材中的 "竹子" 文件（此文件是一个 PSD 格式图像），如图 13-2-41 所示。

图 13-2-42

(42) 选择 "移动工具"，将竹子拖动到茶园文件中，并放置到画面的左侧，如图 13-2-42 所示。

图 13-2-43

(43) 按 "Ctrl+O" 组合键打开素材中的 "竹子 2" 文件（此文件是一个 PSD 格式图像），如图 13-2-43 所示。

图 13-2-44

(44) 选择 "移动工具"，将竹子拖动到茶园文件中，并放置到画面的右侧，如图 13-2-44 所示。

（45）按"Ctrl+O"组合键打开素材中的"茶具"文件（此文件是一个PSD格式图像），如图13-2-45所示。

图13-2-45

（46）使用"移动工具"同样将其拖动到茶园文件中，并放置到画面的右下方，如图13-2-46所示。

图13-2-46

（47）选择"直排文字工具"，在图13-2-47所示位置输入相关文字，茶叶广告的设计完成。

图13-2-47

13.3 封 面 设 计

本例将介绍《Windows Vista中文版入门与提高》图书封面的设计过程。用户在学习过程中要注意封面各个区域的划分，以及制作过程的顺序，以掌握封面制作的特点。本例封面构图风格稳重、大气，和图书的整体策划完全相符。

（1）按"Ctrl+N"组合键打开"新建"对话框，输入"名称"为封面设计，设置"宽度"为396毫米，"高度"为266毫米，"分辨率"为72像素/英寸，"颜色模式"为RGB颜色，"背景内容"为白色，如图13-3-1所示。

图 13-3-1

提示：

①封面的宽度数值为正封宽度（185mm）＋书脊宽度（20mm）＋封底宽度（185mm）＋左右出血（各3mm）＝396mm，封面的高度数值为封面的高度（260mm）＋上下出血（各3mm）＝266mm。

②在Photoshop中设计封面，"分辨率"一般不低于300像素／英寸，这里为了讲解方便，特意将"分辨率"设置成了72像素／英寸。

图 13-3-2

（2）下面使用辅助线对各个区域进行划分。按"Ctrl+R"组合键显示标尺，选择"视图／新建参考线"命令，在弹出的"新建参考线"对话框中选择"垂直"单选按钮，并在"位置"后面的文本框中输入 3 毫米，如图 13-3-2 所示。

（3）单击"确定"按钮。按此方法分别在垂直 188 毫米、208 毫米和 393 毫米的位置添加辅助线，如图 13-3-3 所示。

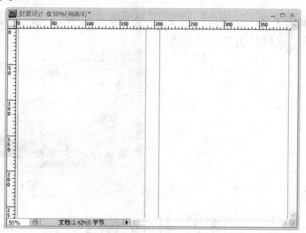

图 13-3-3

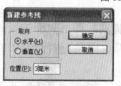

图 13-3-4

（4）选择"视图／新建参考线"命令，在弹出的"新建参考线"对话框中选择"水平"单选按钮，并在"位置"后面的文本框中输入3毫米，如图 13-3-4 所示。

（5）单击"确定"按钮。用同样的方法在水平 263 毫米的位置也加上辅助线。这样，本书的封面、书脊和封底，以及出血的区域就划分出来了，如图 13-3-5 所示。

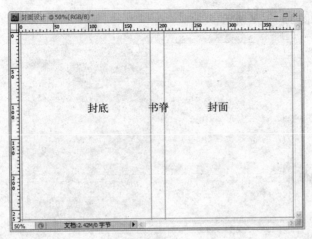

图 13-3-5

（6）按"Ctrl+R"组合键隐藏标尺。按"Ctrl+O"组合键打开素材中的"云层"文件，之后用"移动工具"将其拖动到新建的文件中，位置如图 13-3-6 所示。

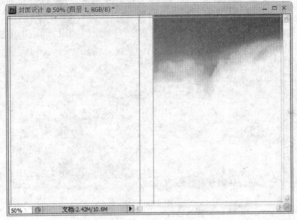

图 13-3-6

（7）使用"矩形选框工具"分别在封面下方创建一大一小两个矩形，并分别在其中填充不同深浅的蓝色，如图 13-3-7 所示。

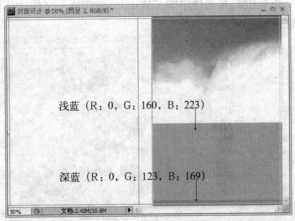

图 13-3-7

（8）按"Ctrl+O"组合键打开素材中的"Windows标志"文件，并用"移动工具"将其拖动到新建的文件中，如图 13-3-8 所示。

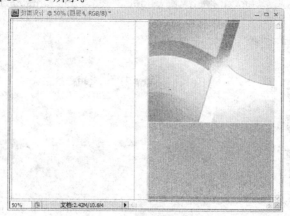

图 13-3-8

（9）选择"横排文字工具"，在图 13-3-9 所示的位置输入白色"Wind ws Vista"文字。

图 13-3-9

提示：

在"Wind ws Vista"文字的"d"和"w"间留有空格，原因是在后面要在此处加入"Windows 图标"素材。

（10）按"Ctrl+O"组合键打开素材中的"Windows 图标"文件，并用"移动工具"将其拖动到图 13-3-10 所示的位置。

图 13-3-10

（11）使用"横排文字工具"在图13-3-11所示位置再输入黑色"中文版入门与提高"文字。

图 13-3-11

（12）选择"直线工具"，在书名的上下制作几条长短不一的黑色线条，使书名更加明显，如图13-3-12所示。

图 13-3-12

（13）使用"横排文字工具"在书名下面输入黑色的说明文字，之后在封面下方输入出版社名称，如图13-3-13所示。

图 13-3-13

提示：

封面的好坏既取决于形式和内容的统一，又体现在图像中隐含的艺术涵义。本书设计师很好地抓住了此书的厚重特点，采用了稳定型的构图，且图像意义明显。

（14）同样的方法在封面的左上方制作出图13-3-14所示的文字及元素。

图13-3-14

（15）根据图书需要，在封面中再加上售后服务文字，如图13-3-15所示。

图13-3-15

提示：

至此，封面部分就制作完成了。下面来制作封底图像。

（16）选择"矩形选框工具"，在封底的位置绘制一个矩形选区并填充蓝色（R：0，G：160，B：223），如图13-3-16所示。

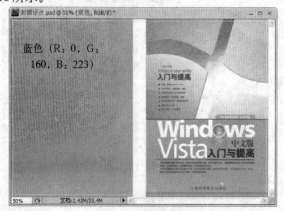

图13-3-16

（17）选择"矩形选框工具"，在其选项栏中设置"羽化"为100px，如图13-3-17所示。

图13-3-17

（18）单击"图层"面板下方的"创建新图层"按钮，在最上方新建一个图层。按住鼠标拖动，在左侧创建一个矩形选区，并在其中填充蓝色（R：0，G：79，B：160），如图13-3-18所示。

图13-3-18

（19）按"Ctrl+D"组合键取消选区，之后将其图层的"不透明度"设置30%，"混合模式"设置为正片叠底，如图13-3-19所示。

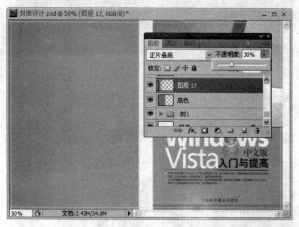

图13-3-19

（20）按"Ctrl+O"组合键再次打开素材中的"Windows标志"文件，用"移动工具"将其拖动到新建的文件中后，按"Ctrl+T"组合键并将其等比例放大，如图13-3-20所示。

提示：

按"Ctrl+H"组合键可将辅助线隐藏，再次按"Ctrl+H"组合键可将其调出。

（21）用"移动工具"将放大后的"Windows标志"对齐到封底。之后将其图层的"不透明度"设置25%，"混合模式"设置为叠加，如图13-3-21所示。

（22）下面在封底的左上方将出版社的标志和策划、编辑等要素加上，如图13-3-22所示。

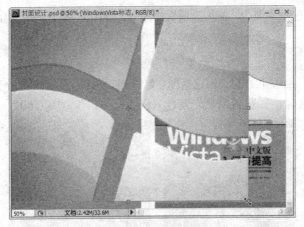

图 13-3-20

图 13-3-21

图 13-3-22

（23）在封底的右上方加上本系列图书的特征标志图像和文字，如图 13-3-23 所示。

提示：

封底相对于封面来说处于次要位置，忌做得过于花哨。常用的方法有：将封面的图案延伸至封底、在封底加上系列图书的宣传等。

图 13-3-23

（24）在封底的中间部位放入本系列图书的封面图像，如图 13-3-24 所示。

图 13-3-24

（25）在封底的最下面放入本书的售后服务网站、条形码和定价，如图 13-3-25 所示。

图 13-3-25

提示：

至此，封底部分就制作完成了。下面来制作书脊图像。

（26）选择"矩形选框工具"，在书脊部位创建一个 20mm × 266mm 的长方形选区，并在其中填充蓝色（R：24，G：39，B：134），如图 13-3-26 所示。

图 13-3-26

（27）在书脊上方放入出版单位标志，并输入白色书名中的英文，如图 13-3-27 所示。

图 13-3-27

（28）按"Ctrl+O"组合键打开素材中的"Windows 图标 2"文件，并用"移动工具"将其拖动到图 13-3-28 所示的书脊上。

图 13-3-28

（29）最后在书脊上将书名制作完整，并在下方输入出版社名称，封面设计完成。最终效果如图 13-3-29 所示。

图 13-3-29

提示：

在书脊文字的两边，一般要各留出 1~2 毫米以上的距离，以预防在计算书脊宽度时的误差而导致文字超出书脊的问题。

13.4 小 结

本章综合介绍了在 Photoshop 中制作和设计图像的方法，这些实例不仅实用性较强，而且侧重点也不一样。通过本章的学习，读者应能掌握一些制作和设计图像的思路及方法，使自己的能力有所提高。

13.5 练 习

（1）根据"13.2 广告设计"实例，模仿一幅构图类似的平面广告作品。

（2）设计一本宽度为 185mm，高度为 260mm，书脊宽度为 12mm 的图书封面。

读书笔记

年 月 日

附录 快捷键

工 具

工具名称	快捷键
矩形选框工具组	M（按住Shift键的同时按M键，可以在矩形选框工具和椭圆选框工具间切换）
移动工具	V
套索工具组	L（按住Shift键的同时按L键，可以在套索工具间切换）
快速选择工具组	W（按住Shift键的同时按W键，可以在快速选择工具和魔棒工具间切换）
裁剪工具	C（按住Shift键的同时按C键，可以在裁剪工具和切片工具间切换）
吸管工具组	I（按住Shift键的同时按I键，可以在其工具组中切换工具）
污点修复画笔工具组	J（按住Shift键的同时按J键，可以在修复画笔工具间切换）
画笔工具组	B（按住Shift键的同时按B键，可以在画笔工具间切换）
图章工具组	S（按住Shift键的同时按S键，可以在图章工具间切换）
历史记录画笔工具组	Y（按住Shift键的同时按Y键，可以在历史记录画笔工具间切换）
橡皮擦工具组	E（按住Shift键的同时按E键，可以在橡皮擦工具间切换）
渐变工具组	G（按住Shift键的同时按G键，可以在渐变工具和油漆桶工具间切换）
减淡工具组	O（按住Shift键的同时按O键，可以在减淡、加深和海绵工具间切换）
钢笔工具组	P（按住Shift键的同时按P键，可以在钢笔工具和自由钢笔工具间切换）
文字工具组	T（按住Shift键的同时按T键，可以在文字工具间切换）
路径选择工具组	A（按住Shift键的同时按A键，可以在路径选择工具和直接选择工具间切换）
矩形工具组	U（按住Shift键的同时按U键，可以在其工具组切换工具）
3D旋转工具组	K（按住Shift键的同时按K键，可以在其工具组切换工具）
3D环绕工具组	N（按住Shift键的同时按N键，可以在其工具组切换工具）
抓手工具	H
缩放工具	Z
切换前景色和背景色	X
默认值颜色	D

工具名称	快捷键
以快速蒙版方式编辑	Q
屏幕显示模式切换	F

文件操作

命令名称	快捷键	命令名称	快捷键
新建文件	Ctrl+N	存储为	Ctrl+Shift+S
打开文件	Ctrl+O	存储为Web所用格式	Alt+Ctrl+Shift+S
关闭文件	Ctrl+W	打印	Ctrl+P
存储文件	Ctrl+S	退出	Ctrl+Q

编辑操作

命令名称	快捷键	命令名称	快捷键
还原	Ctrl+Z	填充前景色	Alt+Delete
前进一步	Ctrl+Shift+Z	填充背景色	Ctrl+Delete
后退一步	Alt+Ctrl+Z	内容识别比例	Alt+Ctrl+Shift+C
剪切	Ctrl+X	自由变换	Ctrl+T
拷贝	Ctrl+C	颜色设置	Ctrl+Shift+K
合并拷贝	Ctrl+Shift+C	键盘快捷键设置	Alt+Ctrl+Shift+K
粘贴	Ctrl+V	菜单设置	Alt+Ctrl+Shift+M
贴入	Alt+Ctrl+Shift+V	与前一图层编组	Ctrl+G
打开填充对话框	Shift+F5		

选区操作

命令名称	快捷键	命令名称	快捷键
全选	Ctrl+A	添加选区	按住Shift+框选
取消选择	Ctrl+D	减去选区	按住Alt+框选
重新选择	Ctrl+Shift+D	相交选区	按住Alt+Shift框选
反向	Ctrl+Shift+I	羽化选区	Shift+F6
调整边缘	Alt+Ctrl+R		

色 彩 调 整

命令名称	快捷键	命令名称	快捷键
色阶	Ctrl+L	色相/饱和度	Ctrl+U
自动色调	Ctrl+Shift+L	色彩平衡	Ctrl+B
自动对比度	Alt+Ctrl+Shift+L	黑白	Alt+Ctrl+Shift+B
自动颜色	Ctrl+Shift+B	反相	Ctrl+I
曲线	Ctrl+M	去色	Ctrl+Shift+U

滤 镜 操 作

命令名称	快捷键	命令名称	快捷键
重复上次滤镜操作	Ctrl+F	渐隐自动色调	Ctrl+Shift+F
打开上次滤镜操作对话框	Alt+Ctrl+F		

调 板 操 作

命令名称	快捷键	命令名称	快捷键
显示或隐藏画笔面板	F5	显示或隐藏动作面板	F9
显示或隐藏颜色面板	F6	显示或隐藏工具箱、选项栏和面板	Tab
显示或隐藏图层面板	F7	显示或隐藏面板	Shift+Tab
显示或隐藏信息面板	F8		

辅 助 操 作

命令名称	快捷键	命令名称	快捷键
放大	Ctrl+ +	显示或隐藏标尺	Ctrl+R
缩小	Ctrl+ −	启用对齐	Ctrl+Shift+;
图像和窗口一起放大	Alt+Ctrl+ +	锁定参考线	Alt+Ctrl+;
图像和窗口一起缩小	Alt+Ctrl+ −	显示或隐藏参考线	Ctrl+;
按屏幕大小缩放	Ctrl+0	关闭窗口	Ctrl+Shift+W
实际像素	Ctrl+1	切换至下一幅图像	Ctrl+Tab
显示或隐藏网格	Ctrl+'	切换至上一幅图像	Ctrl+Shift+Tab